DIE KUNST DES STRATEGISCHEN DENKENS

Michael
Watkins

Die Kunst des strategischen Denkens

6 persönliche Kernkompetenzen für erfolgreiche Strategieentwicklung

Aus dem Englischen von Jürgen Neubauer

Campus Verlag
Frankfurt/New York

Die englische Originalausgabe erschien 2024 bei Ebury Edge, an imprint of Ebury Publishing unter dem Titel *The Six Disciplines of Strategic Thinking – Leading Your Organization into the Future.*

First published as *The Six Discplines of Strategic Thinking* in 2024 by Ebury Edge, an imprint of Ebury. Ebury is part of the Penguin Random House group of companies.

MIX
Papier aus verantwortungsvollen Quellen
FSC® C089473

ISBN 978-3-593-51909-8 Print
ISBN 978-3-593-45780-2 E-Book (PDF)
ISBN 978-3-593-45781-9 E-Book (EPUB)

Umschlaggestaltung: Guido Klütsch, Köln
Satz: DeinSatz Marburg UG | tn
Gesetzt aus: Minion und DIN Next LT Pro
Druck und Bindung: Beltz Grafische Betriebe GmbH, Bad Langensalza
Beltz Grafische Betriebe ist ein klimaneutrales Unternehmen (ID 15985-2104-1001).
Printed in Germany

www.campus.de

FÜR KATIA,
MEINE GROẞE LIEBE

INHALT

VORWORT

Strategisches Denken ist seit langem essenziell für Führungskräfte in Unternehmen, Behörden und Organisationen. Die Fähigkeit, künftige Entwicklungen vorherzusehen, für die Zukunft zu planen, komplexe Fragestellungen kritisch und kreativ zu durchdenken und in ungewissen, sich ständig verändernden Situationen effektive Entscheidungen zu treffen, ist im heutigen, im ständigen Umbruch befindlichen globalen Umfeld überlebensnotwendig.

Aktuelle Trends in Technik und Globalisierung sowie die politische und wirtschaftliche Instabilität haben strategisches Denken nur noch wichtiger werden lassen. Der rasante technische Wandel hat traditionelle Geschäftsmodelle hinfällig gemacht und eröffnet neue Chancen für alle, die in der Lage sind, diese Veränderungen mit strategischem Weitblick zu nutzen. Die Welt ist stärker vernetzt und verflochten, und Führungskräfte müssen ihr Unternehmen und ihre Märkte breiter und globaler angehen. Gleichzeitig ist durch die politische und wirtschaftliche Instabilität ein unbeständiges und unberechenbares Umfeld entstanden, das Prognosen und Zukunftsplanung zunehmend erschwert.

Vor diesem Hintergrund ist strategisches Denken wichtiger denn je. Wer strategisches Denken beherrscht, ist besser in der Lage, neue Herausforderungen abzusehen und auf sie zu reagieren, und die Chancen wahrzunehmen, die sie bringen. Dieses Buch bietet eine umfassende und praktische Hinführung zum strategischen Denken und eine Fülle von Erkenntnissen und Werkzeugen für Führungskräfte auf allen Ebenen.

Künstliche Intelligenz (KI) hat zwar keinen Einfluss auf die Grundprinzipien des strategischen Denkens, doch sie revolutioniert es. Mit ihrer Hilfe lassen sich gewaltige Datenmengen verarbeiten, Muster erkennen und Prognosen erstellen, und Führungskräfte erhalten Einblicke und Perspektiven, die ihnen früher nicht zur Verfügung standen. Auf diese Weise können sie mehr Informationen einbeziehen, korrektere Entscheidungen treffen, künftige Entwicklungen besser vorhersehen und effektiver für sie planen. Das hat gewaltige Auswirkungen auf die Arbeit von Strategieberatern.

In Zukunft werden Führungskräfte quasi-symbiotische Beziehungen mit strategischen KI-Support-Systemen eingehen und auf diese Weise ihre Entscheidungen, Problemlösungen und Strategieentwicklung optimieren. Künstliche Intelligenzen versorgen Führungskräfte in Echtzeit mit Daten, Analysen und Erkenntnissen, mit deren Hilfe sie bessere Entscheidungen treffen und Strategien entwickeln können. Sie können gewaltige Datenmengen auswerten, Muster und Trends erkennen, Prognosen erstellen und Risiken ausfindig machen. Sie sind zudem in der Lage, unterschiedliche Szenarien zu simulieren, um zusätzliche Optionen zu finden und Empfehlungen auszusprechen.

In dieser symbiotischen Beziehung ist es die Aufgabe der Führungskräfte, die richtigen Fragen zu stellen und die Antworten und Empfehlungen von Künstlicher Intelligenz zu interpretieren. Die Führungskräfte werden dabei wie immer den Kontext liefern und ihre Kreativität beisteuern. Außerdem verfügen sie über die emotionale Intelligenz und das politische Geschick, um die Ergebnisse an die jeweilige Situation anzupassen und sie umzusetzen.

Mit der Weiterentwicklung von Künstlicher Intelligenz werden Führungskräfte zunehmend neue Fähigkeiten erwerben müssen, um diese Systeme gewinnbringend nutzen zu können. Unter anderem müssen sie in der Lage sein, die Technik und die von ihr gelieferten Daten zu verstehen, ihre Erkenntnisse zu analysieren und zu interpretieren und auf dieser Grundlage Entscheidungen zu treffen. Außerdem müssen sie die ethischen und gesellschaftlichen Implikationen der von ihnen verwendeten KI-Systeme verstehen.

Die in diesem Buch beschriebenen sechs Kernkompetenzen des strategischen Denkens werden daher auch in Zukunft spielentscheidend bleiben und vielleicht sogar noch an Bedeutung gewinnen. Bei der Lektüre sollten Sie jedoch immer mitdenken, wie Sie die hier beschriebenen Instrumente bei der Arbeit mit speziell auf Ihr Unternehmen und Ihre Arbeit zugeschnittenen KI-Systemen einsetzen können.

Einleitung

DIE MACHT DES STRATEGISCHEN DENKENS

Als Gene Woods im Jahr 2016 Vorstandsvorsitzender des gemeinnützigen Krankenhausbetreibers Carolinas Health Care Systems (CHS) im amerikanischen Bundesstaat North Carolina wurde, hatte das Unternehmen 60 000 Mitarbeiter und einen Jahresumsatz von 8 Milliarden Dollar. Der erfolgreiche Manager übernahm eine wirtschaftlich gesunde Organisation mit einer ausgezeichneten Erfolgsbilanz, einem hervorragenden medizinischen Ruf und einer erfahrenen Führungsmannschaft. Auf den ersten Blick waren alle Voraussetzungen gegeben, um den Erfolg fortzusetzen, doch am Horizont zogen Sturmwolken auf.

Das Gesundheitswesen der Vereinigten Staaten stand vor gewaltigen Umwälzungen. Selbst in erfolgreichen Kliniken wurden die Gewinne von den explodierenden Kosten aufgefressen. In der ungewissen politischen Lage zeichneten sich Veränderungen der Gesetzeslage ab. Neue, von privaten Kapitalgebern finanzierte Konkurrenten drängten auf den Markt und drohten, diesen aufzumischen. Angesichts dieser Umbrüche hatte CHS Woods die Führung übertragen und ihm den Auftrag gegeben, die Organisation zukunftsfähig zu machen. In einem ausführlichen Interview, das ich mit ihm für dieses Buch führte, sagte mir Woods: »Ich habe eine Organisation übernommen, die nach den alten Spielregeln sehr erfolgreich gewesen war. Aber wo die anderen einen Erfolg gesehen haben, da habe ich gewaltige Schwächen erkannt.«

Das Gesundheitswesen erlebte eine breite Konsolidierungswelle, und Woods ging davon aus, dass sich diese Entwicklung fortsetzen würde. CHS war zwar nicht unmittelbar gefährdet, doch Woods ging davon aus, dass das aktuelle Geschäftsmodell nicht mehr lange funktionieren würde. Als er die Führung antrat, war CHS zusätzlich Verwaltungsdienstleister für mehrere unabhängige Krankenhausbetreiber der Region. Gegen Bezahlung übernahm CHS die Buchhaltung und andere Dienstleistungen für diese Krankenhäuser, doch darüber hinaus war der

Zusammenschluss nur lose. Nach Ansicht von Woods waren diese Beziehungen so nicht mehr tragbar, da sie ineffizient waren und keine Skaleneffekte ermöglichten. Seiner Ansicht nach musste CHS stärker integriert werden, um die kommenden Herausforderungen meistern zu können.

CHS stand am Scheideweg. »Mir war klar, dass ich bald die schwierige Entscheidung treffen musste, ob wir diese losen Kooperationen aufrechterhalten konnten«, sagte Woods. »Unser Kerngeschäft war stark und der Markt expandierte, aber angesichts der raschen Konsolidierung war mir klar, dass wir in ein paar Jahren von größeren Systemen umringt sein würden, die uns den Markt streitig machen würden. Wir mussten diejenigen sein, die in der Region die Konsolidierung vorantrieben. Wenn wir nicht der Motor sind, kommen wir unter die Räder.«

Aus dieser Erkenntnis heraus entwickelte Woods seine »Netzwerkstrategie der nächsten Generation«, wie er sie nannte. Er hatte die Vision eines engmaschigen regionalen Netzwerks von Krankenhaussystemen mit aufeinander abgestimmten Zielen und Kulturen, die sich gegen die Konkurrenz durchsetzten, indem sie beste Praktiken teilten, sich im Angebot ergänzten und sich ihre Größe zunutze machen konnten.

Um seine Vision zu verwirklichen, suche Woods die Beziehung zu den Vorständen anderer Krankenhausbetreiber sowie zu Politikern der Region. Gleichzeitig leitete er bei CHS selbst einen kulturellen Umbau in die Wege, der das neue Partnerschaftsmodell unterstützen sollte.

»Wir waren für unsere hierarchische Kultur bekannt – wir übernehmen für euch die Verwaltung, also haben wir das Sagen«, erklärte Woods. »Mir war klar, dass wir damit unser Ziel nicht erreichen würden. Für das neue Modell der Partnerschaft brauchten wir eine neue Kultur.«

Machen wir nun einen Sprung von fünf Jahren ans Ende des Jahres 2021. Aus CHS, das nun Atrium Health hieß, war ein ernstzunehmender regionaler Krankenhausbetreiber geworden, der nicht nur in North Carolina, sondern auch in den benachbarten

Bundesstaaten South Carolina, Georgia und Virginia aktiv war. Durch Zusammenschlüsse hatte Atrium seinen Jahresumsatz auf 12 Milliarden Dollar gesteigert und weitere 17 000 Beschäftigte hinzugewonnen. Das Unternehmen war vollständig umgebaut und auf weiteres Wachstum ausgerichtet, das Management war neu und von einer inklusiven Leistungskultur durchdrungen. Durch den Zusammenschluss mit den Universitätskliniken von Wake Forest Baptist Health hatte Atrium Health im In- und Ausland anerkannte Forschungskapazitäten hinzugewonnen. Das Unternehmen befand sich auf dem Sprung in die nationale Spitze und führend bei der Entwicklung des Gesundheitswesens der Zukunft. Doch damit gab sich Woods noch nicht zufrieden.

Im Mai 2022 rüttelten Woods und Jim Skogsbergh, Vorstandsvorsitzender des gemeinnützigen Krankenhausbetreibers Advocate Aurora Health aus Wisconsin und Illinois, die Branche auf, als sie den bevorstehenden Zusammenschluss ihrer Unternehmen verkündeten.[1] Nachdem die Wettbewerbshüter grünes Licht gegeben hatten, entstand Ende 2022 Advocate Health, der fünftgrößte gemeinnützige Krankenhausbetreiber des Landes mit 157 000 Beschäftigten, einem Jahresumsatz von 27 Milliarden Dollar, 67 Krankenhäusern und mehr als 1 000 Arztpraxen. Woods und Skogsbergh übernahmen zunächst gemeinsam die Leitung, und Skogsbergh kündigte an, sich in 18 Monaten zurückziehen und Woods die alleinige Führung überlassen zu wollen.

Als Architekt dieses bemerkenswerten Aufstiegs vom Regionalanbieter zum nationalen Kraftzentrum ist Woods ein ausgezeichnetes Beispiel für die Stärke des strategischen Denkens. Wenn Sie ein Unternehmen führen wollen, müssen Sie wie Woods zum strategischen Denker werden. Als solider Unternehmensführer können Sie es zwar weit bringen, aber bis ganz nach oben kommen Sie nur mit strategischem Denken. Warum? Weil Unternehmen, die nicht strategisch geführt werden, keine Chance gegen Unternehmen haben, die von strategischen Denkern geführt werden – sie werden entweder aufgekauft oder sie verschwinden. Aufsichtsräte entscheiden sich für Führungskräfte mit strategischer Kompetenz, um ihr Unternehmen durch turbulente Gewässer zu führen – Gewässer, in denen heute jedes Unternehmen bestehen muss.

Im Jahr 2013 führte die Forschungsgruppe Management Research Group eine Befragung von 60 000 Führungskräften in 140 Ländern und 26 Branchen durch. Dabei wurden Manager mit strategischer Kompetenz (definiert als Fähigkeit zu kritischer Analyse, vorausschauendem Denken und Planung) von Kollegen sechsmal so häufig als erfolgreiche Führungskräfte bewertet. Außerdem gaben die Befragten an, Manager mit strategischer Kompetenz hätten im Unternehmen das vierfache Potenzial.[2] Aktuellere Untersuchungen des Personaldienstleisters Zenger Folkman bestätigen dieses Ergebnis. In drei eigenständigen Umfragen beobachtete Zenger Folkman einen engen Zusammenhang zwischen »strategischer Kompetenz« und dem Aufstieg in höhere Führungsetagen.[3]

Das heißt: Strategisches Denken ist die Überholspur an die Spitze. Wenn Sie meinen, dass strategisches Denken noch nicht zu Ihren Stärken zählt, dann habe ich eine gute Nachricht für Sie: Diese Fähigkeit ist erlernbar. Führungskräfte wie Woods bringen zweifelsohne ein natürliches Talent mit, doch sie haben auch viel dafür getan, um diese Fähigkeiten weiterzuentwickeln und Unternehmen in die Zukunft zu führen. In diesem Buch zeige ich Ihnen, wie auch Sie strategisches Denken lernen können. Ich helfe Ihnen, Ihre eigenen Fähigkeiten einzuschätzen und diese durch Übung und Erfahrung auszubauen.

Was ist strategisches Denken?

Es gibt verschiedene Definitionen des strategischen Denkens, doch der Begriff ist nicht ganz leicht zu fassen. Ich habe über fünfzig Manager gefragt, was sie darunter verstehen, und ihre erste Reaktion lief auf die Aussage hinaus: »Wenn ich es sehe, dann erkenne ich es«. Allen war klar, dass strategisches Denken eine unabdingbare Fähigkeit von Führungskräften ist, doch danach wurde es schwammig. Für die einen bestand strategisches Denken darin, große Mengen von Information aufzunehmen und das Wesentliche vom Unwesentlichen zu unterscheiden. Für die anderen war es die Fähigkeit, Züge und Gegenzüge zu durchdenken. Und für wieder andere ging es darum, eine Zukunftsvision zu haben. Das gehört zwar dazu, doch es ist bei Weitem noch nicht alles.

Ohne eine solide Definition wird es allerdings schwierig, strategisches Denken zu beurteilen und zu erlernen. Um strategisches Denken besser zu verstehen, müssen wir es in konkrete Einzelbestandteile zerlegen. Wenn ich bei meinen Gesprächen mit Führungskräften nachhakte, dann ergaben sich zum Glück einige gemeinsame Punkte. Aus diesen habe ich die folgende Definition abgeleitet:

> Strategisches Denken setzt sich zusammen aus einer Reihe von Kernkompetenzen, mit deren Hilfe Führungskräfte potenzielle Chancen und Risiken erkennen, Prioritäten festlegen und sich und ihr Unternehmen mobilisieren, um erfolgversprechende Wege in die Zukunft zu entwerfen und zu gehen.

Vereinfacht gesagt bedeutet es, über die aktuelle Situation hinauszublicken und kritisch und kreativ über die vielen möglichen Zukunftsszenarien nachzudenken. Ausgehend von der Einschätzung der Chancen und Risiken jedes dieser Szenarien können Sie erfolgversprechende Strategien entwickeln, um Ihr Unternehmen zum Erfolg zu führen.

Um Anerkennung als strategischer Denker zu finden, genügen Fähigkeiten allein allerdings nicht – Sie müssen diese Fähigkeiten auch unter Beweis stellen können. Auch wenn Ihr Potenzial noch so groß ist, wird es wird nie anerkannt werden, wenn Sie in Ihrem Aufgabenbereich keine Gelegenheit erhalten, es anzuwenden. Viele Führungspositionen verlangen kaum strategisches Denken – analytische Fähigkeiten, problemlösendes Denken und Umsetzungsstärke reichen vollkommen aus. Um in Positionen zu gelangen, auf denen Sie Ihr strategisches Denken unter Beweis stellen können, ist oft politisches Geschick vonnöten. Strategen haben oft ein Händchen dafür, sich diese Gelegenheiten zu eröffnen. Doch es steht zu viel auf dem Spiel, als dass man die Auswahl strategischer Denker dem Zufall und der Politik überlassen sollte.

FRAGEN SIE SICH

In diesem Buch werden Sie immer wieder Denkanstöße finden. Sie sollen Sie dazu einladen, die Lektüre zu unterbrechen und über wichtige Fragen nachzudenken. Wenn Sie sich noch einmal die Definition des kritischen Denkens ansehen – inwieweit beschreibt diese Ihre Fähigkeiten und wie könnten Sie sie weiterentwickeln?

Strategisches Denken und kritisches Denken

Kritisches Denken ist ein wesentlicher Baustein des strategischen Denkens, doch es reicht bei Weitem nicht aus. Kritisches Denken ist die Fähigkeit, Informationen und Argumente logisch und systematisch zu bewerten. Dazu gehört, Fakten zu sammeln und einzuordnen, sich die eigenen Annahmen und Vorurteile bewusst zu machen und die Stärken und Schwächen von Argumenten zu bewerten. Wie wir noch im Verlauf dieses Buchs sehen werden, gehören daneben auch Antizipation, Kreativität, Vision, Zielsetzung und Umsetzung zum strategischen Denken. Strategen denken nicht nur kritisch, sondern sie blicken in die Zukunft und planen, sie denken kreativ über komplexe Probleme nach und treffen effektive Entscheidungen angesichts von Ungewissheit und Wandel.

Strategisches Denken und kreatives Denken

Kreatives Denken ist die Fähigkeit, neue und innovative Ideen hervorzubringen. Es bedeutet, über den Tellerrand hinaus zu blicken, Annahmen zu beleuchten und den Status quo infrage zu stellen. Kreatives Denken ist ein weiterer wichtiger Baustein des strategischen Denkens, denn mit seiner Hilfe können Führungskräfte neue Ideen und Perspektiven entwickeln, die ihre strategischen Entscheidungen durchdringen. In dem sich rasch wandelnden unternehmerischen Umfeld von heute wird das kreative Denken immer wichtiger, um der Konkurrenz voraus zu bleiben. In ihrem Buch *Kreativität und Selbstvertrauen* zeigen die Autoren Tom und David Kelley mit konkreten Anleitungen, wie jeder und jede von uns lernen kann, kreativer zu sein.[4] Wenn Sie im Rahmen der Schulung Ihres strategischen Denkens auch Ihr kreatives Denken fördern, sind Sie eher in der Lage, künftige Entwicklungen vorherzusehen und zu nutzen.

Strategisches Denken und gestaltendes Denken

Strategisches Denken und gestaltendes Denken sind zwei Problemlösungsansätze, die sich jedoch in einigen Aspekten unterscheiden. Zum strategischen Denken gehört es, den Ist-Zustand eines Unternehmens und seines Umfelds zu analysieren, Chancen und Risiken zu erkennen und einen Handlungsplan aufzustellen, um seine Ziele zu erreichen. Im Gegensatz dazu ist gestaltendes Denken ein kreativer Prozess, der die Bedürfnisse der Kunden versteht und Lösungen entwickelt, die diese befriedigen. Wie Nigel Cross in *Design Thinking* ausführt, muss man sich dazu in die Kunden versetzen, Probleme formulieren, Ideen generieren, Lösungen entwickeln und diese auf ihre Tauglichkeit überprüfen.[5] Beim strategischen Denken geht es um langfristige Unternehmensziele und effektive Entscheidungen, beim gestaltenden Denken dagegen um kreative Innovationen, die Kundenbedürfnisse befriedigen.

Strategisches Denken und Kontextbewusstsein

Und schließlich verlangt strategisches Denken das Verständnis der Zusammenhänge, in denen Sie tätig sind. Dazu benötigen Sie zunächst einen umfassenden Einblick in die interne Umgebung, also das Unternehmen mit seiner Kultur, seiner Struktur und seinen Ressourcen. Nur so sind Sie in der Lage, die Stärken und Schwächen Ihres Unternehmens einzuschätzen und Strategien zu entwickeln, die mit seinen Möglichkeiten in Einklang stehen. Darüber hinaus müssen Sie auch das externe Umfeld verstehen, also unter anderem die wirtschaftlichen, politischen, gesellschaftlichen und technischen Faktoren, die auf Ihr Unternehmen wirken. Auf diese Weise können Sie Veränderungen in Ihrer Umgebung vorhersehen und in Ihre Planung einbeziehen sowie neue Chancen identifizieren.

Außerdem müssen Sie die Erwartungen und Bedürfnisse einer ganzen Reihe von Akteuren verstehen, seien es Kunden, Aktionäre, Beschäftigte oder Aufsichtsbehörden. Mit diesem Wissen können Sie die Bedürfnisse dieser Interessengruppen in Ihre Planung einbeziehen und Strategien entwickeln, die mit ihren Erwartungen in Einklang stehen.

Nur wenn Sie das interne und externe Umfeld Ihres Unternehmens verstehen, können Sie die Zukunft besser vorhersehen und effektiver planen, Wachstumschancen erkennen und Strategien entwickeln, die dem konkreten Kontext Ihres Unternehmens angemessen sind. Dazu müssen Sie Informationen über Ihr Unternehmen und den weiteren Kontext sammeln und auswerten.

Was macht strategisches Denken so wertvoll?

Strategisches Denken wäre überflüssig, wenn die Wirtschaft gütig, stabil und berechenbar wäre. Das ist sie natürlich nicht. Sie wird mit immer härteren Bandagen umkämpft und es steht viel auf dem Spiel. Die richtigen Strategien zu finden, um erfolgreich zu sein und es auch zu bleiben, ist eine große Aufgabe, und Führungskräfte müssen ihr Unternehmen durch zunehmend turbulente Gewässer steuern. Die Kombination aus hohem Einsatz und schwierigem Umfeld macht strategisches Denken so wichtig.

Was das bedeutet, zeigt ein Blick auf die kognitiven Herausforderungen, denen sich Führungskräfte wie Gene Woods und Atrium Health gegenübersehen. Sie werden mit Schwierigkeiten in vier Dimensionen konfrontiert: Volatilität, Ungewissheit, Komplexität und Ambiguität (VUCA, ein Akronym, das Mitte der 1980er Jahre von Warren G. Bennis und Burt Nanus geprägt wurde, später von der US Army übernommen wurde und Eingang in die Führungsliteratur fand).[6]

Zwar hat sich das Akronym VUCA eingeprägt, doch meiner Ansicht nach sollte es besser CUVA heißen, denn Komplexität ist vermutlich die größte der vier Schwierigkeiten. Komplexität, Ungewissheit, Volatilität und Ambiguität sind eng miteinander verknüpft, und ausgehend von der ersten Dimension können wir alle anderen verstehen und angehen. Komplexität ist für die meisten Führungskräfte die zentrale Herausforderung. Wenn Sie die Komplexität Ihrer Organisation und Ihres Umfelds durchschauen, können Sie Ungewissheiten vorwegnehmen, was Ihnen wiederum den Umgang mit Volatilität und Ambiguität erleichtert.

- **KOMPLEXITÄT** bedeutet, dass unser jeweiliges Interessensgebiet (zum Beispiel die Produktentwicklung) zahlreichen miteinander zusammenhängenden Variablen unterliegt, deren Zusammenwirken wir mit unseren begrenzten kognitiven Fähigkeiten kaum noch durchschauen können. Ein Krankenhausbetreiber mit mehreren Zehntausend Beschäftigten, der täglich in

Hunderten Einrichtungen unter intensivem Geräteeinsatz und mit zahllosen Behandlungsmethoden viele Tausend Patienten versorgt, ist an sich ein komplexes Unterfangen. Aufgrund dieser Komplexität wird es für Führungskräfte schwer, ein gutes »mentales Modell« ihres Unternehmens zu entwickeln und vorherzusehen, was passiert, wenn sich an einem beliebigen Punkt etwas verändert. *Strategische Denker sind in der Lage, mit Komplexität umzugehen, weil sie verstehen, wie Systeme funktionieren, und weil sie ihre Aufmerksamkeit auf das richten können, was wirklich wichtig ist.*

- **UNGEWISSHEIT** bedeutet, mit Situationen umzugehen, die mehrere konkrete Verläufe nehmen können, deren tatsächliche weitere Entwicklung jedoch nicht vorhersehbar ist, auch wenn Sie noch so viele Informationen zur Verfügung haben. Das kann zum Beispiel daran liegen, dass das Ergebnis von einer Vielzahl kleiner Faktoren abhängig ist. Im Falle des Gesundheitswesens kann sich zum Beispiel die Gesetzeslage, die starken Einfluss auf die Branche hat, nach jeder nationalen und regionalen Wahl verändern. *Strategische Denker isolieren die einflussreichsten Ungewissheiten, wägen Wahrscheinlichkeiten ab und erforschen die Implikationen plausibler Szenarien.*

- **VOLATILITÄT** bedeutet, dass wichtige Faktoren – zum Beispiel der Ölpreis – raschen und starken Schwankungen unterliegen können. Deshalb ist es schwierig, ihnen zu folgen und sich auf Veränderungen einzustellen. Im Gesundheitswesen können aus dem Nichts Konkurrenten auftauchen, die sich auf die profitabelsten Geschäftsbereiche stürzen und bestehende Geschäftsmodelle über den Haufen werfen. Das hohe Tempo der technischen Innovation verlangt von uns, dass wir wissen, wann und wo wir uns anpassen müssen. *Strategische Denker sind in der Lage, neue Chancen und Risiken vorzeitig zu erkennen und schnell auf sie zu reagieren.*

- **AMBIGUITÄT** bedeutet, dass es verschiedene Ansichten zu den vorrangigen Problemen eines Unternehmens oder zum Potenzial verschiedener Lösungsansätze gibt. Verschiedene Interessengruppen haben ganz unterschiedliche Vorstellungen davon, was »richtig« ist. Das Krankenhauswesen steht zum Beispiel unter Druck, die Kosten zu senken, die Rentabilität zu steigern und die medizinische Versorgung erschwinglicher zu machen. Aus Sicht der Patienten ist eine kostengünstigere medizinische Versorgung begrüßenswert. Für Krankenhausverwaltungen, die mit weniger mehr erreichen sollen, kann das jedoch mit schmerzhaften Kompromissen einhergehen. *Strategische Denker vermitteln zwischen verschiedenen Interessen und Sichtweisen, um eine gemeinsame Wahrnehmung der Probleme und der möglichen Lösungen herzustellen.*

Heute agiert jedes Unternehmen in einem CUVA-Umfeld, und das Management steht vor der schwierigen Aufgabe, den richtigen Weg in die Zukunft zu finden. Die raschen Veränderungen in Technik, Gesellschaft und Umwelt verschärfen die Herausforderungen weiter. Deshalb wird strategisches Denken immer wertvoller.

FRAGEN SIE SICH

Wo sind Sie und Ihr Unternehmen mit Komplexität, Ungewissheit, Volatilität und Ambiguität konfrontiert? Welche dieser vier Dimensionen stellt die größte Herausforderung dar?

Was strategisches Denken nicht ist

Mit einer sinnvollen Arbeitsdefinition können wir auch klären, was strategisches Denken nicht ist. Es besteht die Neigung, sich auf den Aspekt der Strategie zu konzentrieren, und nicht auf den des Denkens.

STRATEGISCHES DENKEN IST KEINE KONKURRENZANALYSE. Konkurrenzanalyse nimmt die Mitbewerber als Ausgangspunkt, um Erkenntnisse darüber zu gewinnen, was für ein Unternehmen wichtig ist und was es tun sollte – Michael Porters *Five Forces* ist ein gutes Beispiel dafür.[7] *Konkurrenzanalyse kann jedoch ein wichtiger Input für strategisches Denken sein.*

STRATEGISCHES DENKEN IST KEINE STRATEGIEPLANUNG. Strategieplanung ist der Prozess, mit dem ein Unternehmen seine Strategien festlegt und zum Beispiel darüber entscheidet, was es tun will und was nicht, Ressourcen zur Durchführung dieser Aktivitäten verteilt und Kriterien für Entscheidungen festlegt, damit diese in Einklang mit der Strategie stehen. *Strategieplanung kann allerdings stark von strategischem Denken durchdrungen und geprägt sein.*

Konkurrenzanalyse und Strategieplanung sind wichtig (und werden in einer Vielzahl von Büchern, Artikeln und Programmen behandelt), doch strategisches Denken ist etwas anderes. Konkurrenzanalyse und Strategieplanung sind deduktiv und analytisch, strategisches Denken dagegen induktiv und eher synthetisch. Und während Konkurrenzanalyse und Strategieplanung oft kollektive Prozesse innerhalb einer Organisation sind, meint strategisches Denken in erster Linie die Herangehensweise einzelner Führungspersonen, die umsetzbare Erkenntnisse und erfolgversprechende Strategien hervorbringt.

Werden strategische Denker geboren oder gemacht?

Wie bei den meisten herausragenden menschlichen Eigenschaften lautet die Antwort auch hier »beides«. Eine gewisse angeborene Fähigkeit – die »Begabung« – gibt Ihrem strategischen Potenzial vielleicht bestimmte Grenzen vor. Doch wie bereits erwähnt, ist effektives strategisches Denken weit mehr als reine analytische Kompetenz. Auch emotionale Intelligenz, Kreativität und die Fähigkeit zu effektiver Zusammenarbeit und Kommunikation spielen eine wichtige Rolle. Führungskräfte, die ihre eigenen Emotionen und die anderer Menschen verstehen und mit ihnen umgehen können, die kreativ denken und neue Ideen hervorbringen, und die effektiv mit anderen kommunizieren und zusammenarbeiten, sind vermutlich effektivere strategische Denker.

Unabhängig von Ihrer Begabung tragen Erfahrung und Übung dazu bei, Ihr Potenzial auszubauen. Das ist vergleichbar mit Marathonläufern. Wer die richtigen Gene beziehungsweise einen höheren Anteil an langsamen Muskelfasern und ein größeres Lungenvolumen mitbringt, hat bessere Aussichten, ein guter Marathonläufer zu werden.[8] Aber wer nicht trainiert – und nicht *viel* trainiert – und dazu die richtigen Techniken verwendet, verliert trotzdem gegen andere, die weniger Potenzial, dafür aber mehr Disziplin mitbringen.

Vielleicht gehören Sie zu den wenigen Glücklichen, die als Strategen zur Welt kommen. Sie wurden mit der natürlichen analytischen Gabe, der emotionalen Intelligenz und dem kreativen Potenzial geboren, die nötig sind, um eine geniale Führungskraft zu werden. Aber wahrscheinlich ist das nicht der Fall. Trotzdem können Sie Mut schöpfen, denn strategisches Denken lässt sich lernen. Talent ist zwar hilfreich, doch jeder und jede kann strategisches Denken lernen. Dazu brauchen Sie nur die richtige Methode sowie die Disziplin und Ausdauer, um sie umzusetzen.

Die folgende Gleichung definiert Ihre strategische Kompetenz (SK):

$$SK = Begabung + Erfahrung + Übung$$

Ihre Begabung ist Ihre natürliche Fähigkeit, die Sie aus Ihren Genen und Ihrer Erziehung mitbringen. Erfahrung erwerben Sie durch den Umgang mit Situationen, in denen Sie Ihre strategische Kompetenz entwickeln können. Und Übung ist das geistige Training, das nötig ist, um die Muskeln Ihres strategischen Denkens aufzubauen.

Viele Führungskräfte haben Probleme mit dem Punkt »Erfahrung«, weil Sie keine Gelegenheit erhalten, Ihr Potenzial unter Beweis zu stellen und weiterzuentwickeln. Das heißt, Sie müssen aktiv neue Herausforderungen und Verantwortungen suchen. Sie können zum Beispiel neue Projekte übernehmen, funktionsübergreifende Teams leiten und Möglichkeiten für neue Aufgaben erkunden, die mehr strategisches Denken verlangen. Wenn Sie neue Herausforderungen annehmen, machen Sie neue und vielfältigere Erfahrungen, die Ihren Horizont erweitern und Ihnen helfen können, Ihre strategische Kompetenz auszubauen.

In Laufe des Buchs finden Sie immer wieder Vorschläge, wie Sie Erfahrung sammeln und Ihr strategisches Denken trainieren können, und auf den letzten Seiten fasse ich diese noch einmal zusammen.

Ist strategisches Denken eine Frage der Persönlichkeit?

Strategisches Denken ist in den kognitiven und emotionalen Fähigkeiten angelegt, doch auch die Persönlichkeit spielt eine Rolle. Drei Eigenschaften sind beim strategischen Denken besonders nützlich. Erstens die Offenheit für Neues: Strategische Denker passen sich an die sich verändernden Umstände an und nehmen neue Informationen in ihre Einschätzungen auf. Zweitens die unerschütterliche Gewissheit, dass Sie Ihre Zukunft und die Ihrer Organisation vorhersehen und gestalten können, und dass Sie sich nicht darauf beschränken müssen, nur auf Entwicklungen zu reagieren. Und drittens der Wille zum Erfolg – es ist Ehrgeiz vonnöten, um ein guter strategischer Denker zu werden.

Die sechs Kernkompetenzen des strategischen Denkens

Ich bin überzeugt, dass strategische Kompetenz erlernbar ist, und Forschung und praktische Erfahrung bestätigen mich darin. Wenn Sie die richtigen Gelegenheiten und das geeignete Training bekommen, können Sie Ihre strategische Kompetenz erheblich verbessern. Das wird Ihnen helfen, an die Spitze zu kommen und Ihr Unternehmen in die Zukunft zu führen.

In den folgenden Kapiteln stelle ich Ihnen die sechs Grundbausteine des strategischen Denkens vor. Es handelt sich um sechs Kernkompetenzen oder geistige Fähigkeiten, die Ihnen helfen, neue Chancen und Risiken zu erkennen, das Wesentliche vom Unwesentlichen zu unterscheiden und Ihr Unternehmen zur Initiative zu führen.

Die ersten drei Kernkompetenzen sind nötig, um die Chancen und Risiken für Ihr Unternehmen zu erkennen und ihnen Prioritäten zuzuweisen.

- **KERNKOMPETENZ 1: MUSTERERKENNUNG.** Ihre Fähigkeit, komplexe, ungewisse, volatile und unklare (CUVA) Szenarien zu erkennen, rasch das Wesentliche zu entdecken und die wichtigsten Chancen und Risiken zu benennen.

- **KERNKOMPETENZ 2: SYSTEMANALYSE.** Die Fähigkeit, sich komplexe Situationen als Systeme vorzustellen und mithilfe dieser Modelle Muster zu erkennen, Vorhersagen zu treffen und erfolgversprechende Strategien zu entwerfen.

- **KERNKOMPETENZ 3: GEISTIGE BEWEGLICHKEIT.** Die Fähigkeit, Herausforderungen auf verschiedenen Analyseebenen zu untersuchen und die Handlungen und Reaktionen verschiedener Akteure und Interessengruppen vorherzusehen.

Die übrigen drei Kernkompetenzen versetzen Sie in die Lage, Ihr Unternehmen zum erfolgreichen Umgang mit Chancen und Risiken zu führen:

- **KERNKOMPETENZ 4: STRUKTURIERTE PROBLEMLÖSUNG.** Die Fähigkeit, Ihr Unternehmen anzuleiten, auf effektivste Weise Probleme einzuordnen, kreative Lösungen zu finden und schwierige Entscheidungen zu treffen.
- **KERNKOMPETENZ 5: VISION.** Die Fähigkeit, ehrgeizige, aber realistische Zukunftsvisionen zu entwerfen und Ihr Unternehmen zur Umsetzung zu mobilisieren.
- **KERNKOMPETENZ 6: POLITISCHES GESCHICK.** Ein Verständnis dafür, wie Einfluss in Ihrem Unternehmen funktioniert, und wie Sie Bündnisse mit wichtigen Akteuren knüpfen können.

In den folgenden Kapiteln werde ich Ihnen diese sechs Kernkompetenzen vorstellen und zeigen, wie Sie diese Fähigkeiten ausbauen können. Am Ende des Buchs finden Sie ein »Trainingsprogramm« für Ihr strategisches Denken.

Künstliche Intelligenz und die Zukunft des strategischen Denkens

Die Entwicklung von Künstlicher Intelligenz wird unsere strategische Kompetenz erheblich vergrößern. Lernende Maschinen, die mithilfe gewaltiger Datensätze in allgemeinem und spezialisiertem Unternehmenswissen trainiert und durch einfache Spracheingaben bedient werden, revolutionieren die Möglichkeiten des strategischen Denkens. Mit ihrer Fähigkeit, große Mengen von

Information zu verarbeiten, Muster zu erkennen und Prognosen zu erstellen, vermittelt Künstliche Intelligenz Führungskräften ganz neue Erkenntnisse und Perspektiven, die früher nicht zur Verfügung standen.

Führungskräfte gehen eine zunehmend symbiotische Beziehung zu strategischen KI-Systemen ein, um ihre Entscheidungsfindung, Problemlösung und Strategieentwicklung zu optimieren. Diese Systeme liefern Daten, Analysen und Erkenntnisse in Echtzeit, sie gestatten die Simulation vielfältiger Szenarien und bieten Handlungsoptionen und Empfehlungen an.

Dennoch bleiben die sechs Kernkompetenzen des strategischen Denkens wichtige Fähigkeiten, die Manager (also Sie!) unbedingt ausbauen sollten. Auch und gerade in Zusammenarbeit mit Künstlicher Intelligenz müssen Führungskräfte diese sechs Kernkompetenzen beherrschen, um die richtigen Fragen zu stellen und die Erkenntnisse und Empfehlungen von Künstlicher Intelligenz einordnen zu können. Sie liefern nach wie vor den Kontext, steuern Ihre Kreativität bei und benötigen emotionale Intelligenz und politisches Geschick, um die Ergebnisse anzuwenden und umzusetzen.

Zur Vertiefung

Tom und David Kelley, *Kreativität und Selbstvertrauen: Der Schlüssel zu Ihrem Kreativitätsbewusstsein.* Verlag Hermann Schmidt, 2014.

Nigel Cross, *Design Thinking: Understanding How Designers Think and Work.* Bloomsbury Visual Arts, 2019.

Kernkompetenz 1

MUSTERERKENNUNG

Mustererkennung ist die Fähigkeit des menschlichen Gehirns, Regelmäßigkeiten in unserer Umgebung zu bemerken. Es handelt sich um einen grundlegenden Aspekt des menschlichen Denkens, der es uns gestattet, die gewaltige Informationsflut zu ordnen, die fortwährend auf uns einströmt. Mustererkennung ist ein komplexer und dynamischer Prozess, an dem zahlreiche kognitive Bereiche beteiligt sind, zum Beispiel Wahrnehmung, Aufmerksamkeit, Gedächtnis und Urteilsvermögen. Mit ihrer Hilfe erkennen wir vertraute Objekte und Situationen, ziehen Schlüsse, stellen Prognosen über unsere Umwelt an und lernen aus unseren Erfahrungen.

Im Unternehmen ist Mustererkennung Ihre Fähigkeit, das von Komplexität, Ungewissheit, Volatilität und Ambiguität geprägte Umfeld zu beobachten, in dem Ihr Unternehmen wirkt, und das Wesentliche zu erkennen. Strategische Denker verfügen über effektive mentale Modelle von Ursache-und-Wirkungs-Zusammenhängen in ihrem Erfahrungsbereich, zum Beispiel Kundenverhalten, Finanzentwicklung und Marktbedingungen.

Wenn Sie Ihre Fähigkeiten zur Mustererkennung trainieren, sind Sie besser in der Lage, neue Chancen und Risiken für Ihr Unternehmen zu erkennen. Das wiederum versetzt Sie in die Position, schneller Prioritäten zu setzen und Ihr Unternehmen zu mobilisieren, um Risiken zu neutralisieren und Chancen zu nutzen.

Abbildung 1 zeigt strategisches Denken als einen Prozess aus Erkennen, Priorisieren und Mobilisieren (EPM) in Reaktion auf Chancen und Risiken. Es handelt sich um einen Kreislauf: Sie erkennen Probleme, geben den wichtigsten Priorität, und mobilisieren das Unternehmen zu ihrer Lösung. Wenn Sie diesen EPM-Zyklus beschleunigen, können Sie und Ihr Unternehmen der Konkurrenz voraus sein.

Gene Woods, den wir in der Einleitung kennengelernt haben, verfügt über herausragende EPM-Kompetenz. Als er 2016 die Leitung von Carolinas Health Care System (CHS) übernahm,

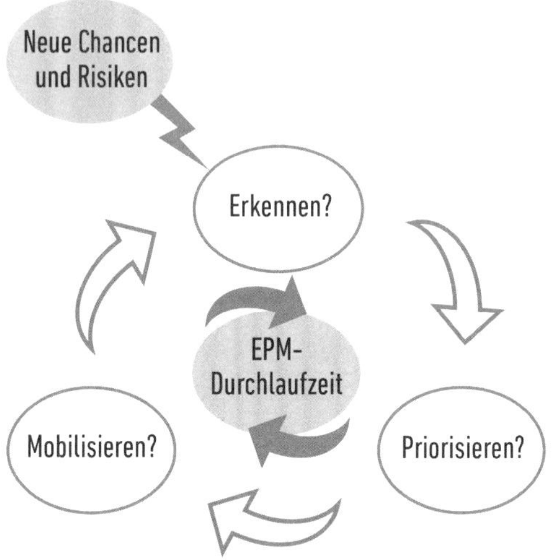

Abbildung 1: Der EPM-Zyklus aus Erkennen, Priorisieren und Mobilisieren

prognostizierte er eine dramatische Zunahme der Zusammenschlüsse und Übernahmen im Gesundheitswesen der Vereinigten Staaten, angetrieben vor allem von sinkenden Gewinnmargen, der Ungewissheit über die Gesetzesentwicklung und dem Aufstieg neuer privater Anbieter. Aufgrund dieser sich abzeichnenden Muster kam Woods zu dem Schluss, dass die Branche vor einer Konsolidierung stand.

Ihm wurde rasch klar, dass auch viele andere Krankenhausbetreiber das Potenzial erkannten, dass sie aber keine Übernahmeziele oder -pläne hatten. »Viele zogen angesichts der Marktdynamik den Kopf ein«, erinnert sich Woods. »Aber man muss den Blick heben, um neue Chancen zu sehen.« Woods erkannte schnell neue Möglichkeiten und zeigte CHS einen erfolgversprechenden Weg in die Zukunft auf. Im Jahr 2018 schloss sich CHS mit Navicent Health aus dem Nachbarstaat Georgia zusammen und nannte sich in Atrium Health um. Dieses neue Unternehmen kaufte weitere hinzu und verband sich 2022 mit einem weiteren großen Krankenhausbetreiber zum fünftgrößten gemeinnützigen Anbieter der Vereinigten Staaten.

Was macht Mustererkennung so wertvoll?

Wenn Sie Chancen und Risiken nicht erkennen, können Sie auch keine Prioritäten setzen und Ihr Unternehmen nicht mobilisieren, um sie zu nutzen beziehungsweise ihnen zu begegnen. Wie die meisten Führungskräfte müssen wahrscheinlich auch Sie Ihr Unternehmen durch rasche Veränderungen in Konkurrenzumfeld, Technik und Gesellschaft steuern. Gleichzeitig stehen Sie zunehmend unter Druck, Ihr Unternehmen leistungsfähiger zu machen und entsprechend umzubauen. In derart schwierigen Zeiten werden die kognitiven Anforderungen immer komplexer. Sie müssen in der Lage sein, sich rasch verändernde Situation einzuschätzen, die weitere Entwicklung vorherzusehen und Ihre Strategie danach auszurichten.

An diesem Punkt spielt die Mustererkennung eine entscheidende Rolle. Wissen ist Macht. Wenn Sie in einem unübersichtlichen und sich schnell verändernden Umfeld Muster erkennen können, dann können Sie schneller und effektiver handeln als Ihre Konkurrenz.

FRAGEN SIE SICH

Welche Rolle spielt Mustererkennung in Ihren täglichen Aufgaben? Welche Muster sind für Sie besonders wichtig, und wie gut sind Sie darin, sie zu erkennen?

Bei klassischen Brettspielen wie Schach und Go ist Mustererkennung die unabdingbare Voraussetzung für den Erfolg. Warum sind Schachgroßmeister normalen Spielern überlegen? Unter anderem weil sie Muster auf dem Brett erkennen und deren Auswirkung auf künftige Züge verstehen. Der niederländische Schachmeister Arthur van de Oudeweetering schrieb in seinem Buch *Mustererkennung im Schachspiel*: »Die Mustererkennung ist eine der wichtigsten Methoden, um ihr Spiel zu verbessern. Wenn Sie bemerken, dass die Stellung auf dem Brett anderen ähnelt, die Sie bereits kennen, können Sie das Wesentliche dieser Stellung rasch erfassen und die erfolgversprechendste Entwicklung finden.«[1]

Schach- und Go-Programme unterstreichen die zentrale Bedeutung der Mustererkennung in diesen Strategiespielen. Der von IBM entwickelte Schachcomputer Deep Blue besiegte 1997 als erste Maschine einen menschlichen Schachweltmeister (nämlich Gari Kasparow). Die Stärke von Deep Blue lag in der brachialen Rechenleistung, mit der er mit Hochgeschwindigkeit alle möglichen Zugkombinationen durchsuchte. Die Maschine konnte pro Sekunde 200 Millionen Positionen auswerten und sechs bis acht Züge im Voraus berechnen, in einigen Situationen sogar bis zu zwanzig und mehr.

Die besten Schachprogramme von heute arbeiten mit einer Mischung aus brachialer Rechenleistung und Maschinenlernen.[2] Diese Maschinen übertreffen menschliche Spieler inzwischen auch in noch anspruchsvolleren Strategiespielen. Im Jahr 2017 besiegte AlphaGo, ein Computerprogramm der Google-Tochter DeepMind, den weltbesten Go-Spieler Ke Jie.[3]

Die gute Nachricht ist allerdings, dass Künstliche Intelligenz heute vor allem dazu dient, Führungskräfte bei der Mustererkennung (und in anderen Bereichen des strategischen Denkens) zu unterstützen. Das liegt daran, dass die Bereiche, in denen Sie aktiv sind, sich nicht nur durch Komplexität und Ungewissheit auszeichnen, sondern auch durch Volatilität und Ambiguität. In einer symbiotischen Beziehung mit Künstlicher Intelligenz müssen Sie nach wie vor in der Lage sein, Muster aus dem Rauschen herauszufiltern, und Sie müssen diese Erkenntnisse einsetzen, um die zentralen Probleme zu verstehen, die richtigen Fragen zu stellen, Handlungen zu priorisieren und Ihr Unternehmen zu mobilisieren. Auch Ihre Kreativität und Vision bleiben entscheidend in einer Zeit, in der sich der Wettbewerb verschärft, der technische Fortschritt beschleunigt und politische und ökologische Krisen zum Alltag gehören.

Wie funktioniert Mustererkennung?

Gute Mustererkennung bedeutet, Beobachtungen der Umwelt mit Erinnerungen abzugleichen. Auf diese Weise erkennen Sie rasch, was Ihre besondere Aufmerksamkeit verlangt. Strategische Denker sind besser in der Lage als andere, auf ihre mentalen Modelle zuzugreifen, um das Geschehen zu verstehen und dieses Verständnis in Handlung zu übersetzen.

Im besten Falle geht Mustererkennung jedoch über die Beobachtung des Geschehens in unserer Umgebung hinaus. Sie versteht die weitergehende Bedeutung der Muster und stellt Prognosen darüber an, wie sich eine dynamische unternehmerische Landschaft weiter entwickeln wird. Wie Jack Welch, der legendäre Vorstandsvorsitzende von General Electric, erklärte: »Gute Führungskräfte zeichnen sich dadurch aus, dass sie um die Ecke schauen können. Das können nicht viele Menschen. Viele sehen nicht einmal die Ecke.«[4]

Starke strategische Denker nehmen gewaltige Mengen von Information auf und beurteilen rasch und effektiv, worauf es in einer komplexen wirtschaftlichen Landschaft ankommt. Mit den mentalen Modellen, die sie in ihrem Langzeitgedächtnis angelegt haben, erkennen sie im Rauschen auch schwache, aber wichtige Signale. So können Sie auch mithilfe unvollständiger Informationen und angesichts großer Ungewissheit ihre Entscheidungen treffen.

Um ein guter strategischer Denker zu werden, müssen Sie also starke mentale Modelle Ihrer zentralen Geschäftsbereiche aufbauen. So können Sie mehr Informationen verarbeiten, ohne Ihre kognitiven Kapazitäten zu sprengen und den Fokus oder den Überblick zu verlieren. Wissenschaftliche Untersuchungen zeigen, dass uns eine Überfülle an Information schwächt und unsere Selbstbeherrschung, Entscheidungsfähigkeit und Kooperationsbereitschaft beeinträchtigt.[5]

Wenn wir unsere Mustererkennung schulen wollen, ist es hilfreich zu wissen, dass unser Gehirn zwei Denksysteme hat, die der Nobelpreisträger Daniel Kahneman in seinem Buch *Schnelles Denken, langsames Denken so* beschreibt:

> Zu den Funktionen von System 1 gehören angeborene Fähigkeiten, die wir mit anderen Tieren gemeinsam haben. Wir werden mit der Fähigkeit geboren, unsere Umwelt wahrzunehmen, Gegenstände zu erkennen, unsere Aufmerksamkeit zu steuern, Verluste zu vermeiden, und uns vor Spinnen zu fürchten. Andere mentale Aktivitäten werden durch lange Übung zu schnellen, automatisierten Routinen.[6]

System 1 arbeitet mühelos im Hintergrund, weitgehend »ohne willentliche Steuerung«. Es neigt zu Vorurteilen und Fehlern.

System 2 ist dagegen bewusster, langsamer und analytischer. Wie Kahneman in seinem Buch schreibt:

> System 2 lenkt die Aufmerksamkeit auf die anstrengenden mentalen Aktivitäten, die auf sie angewiesen sind, darunter auch komplexe Berechnungen. Die Operationen von System 2 gehen oftmals mit dem subjektiven Erleben von Handlungsmacht, Entscheidungsfreiheit und Konzentration einher.

System 2 tritt also in Aktion, wenn wir schwierige kognitive Aufgaben zu bewältigen haben, zum Beispiel mathematische Berechnungen. Es übernimmt die Kontrolle über unsere Aufmerksamkeit, wenn es Muster erkennt, etwa durch Überraschung angesichts eines neuen Reizes.

Stellen Sie sich vor, Sie leiten einen Finanzdienstleister und wollen Vorkehrungen gegen Kreditausfälle treffen, weil Sie eine Rezession befürchten. Ihre Quartalsergebnisse übertreffen allerdings alle Erwartungen. Während Sie nun die Daten verarbeiten, greift Ihr System 2 auf Ihr Langzeitgedächtnis zu und sucht nach Mustern, die Sie bereits kennen (zum Beispiel ein staatliches Konjunkturpaket oder einen Rückgang der Arbeitslosigkeit, die Kreditausfälle unwahrscheinlicher machen). Sie beginnen, eine

Erzählung zu konstruieren, die Ihnen dabei hilft, Ihre Wahrnehmung einzuordnen, zu verstehen und zu kommunizieren.

Mithilfe dieser Erkenntnisse stellen Sie sich die Zukunft vor; man spricht hier von »assoziativer Aktivierung« oder »Priming«. Die Verarbeitung eines Gedankens (zum Beispiel das staatliche Konjunkturpaket) aktiviert damit zusammenhängende Langzeiterinnerungen (zum Beispiel an quantitative Lockerungen, Liquidität oder Inflation). Dank dieses Priming können Sie schneller auf eine Wahrnehmung und verwandte Reize reagieren, weil es Ihre kognitive Verarbeitung und den Zugriff auf Ihre Erinnerung beschleunigt. Priming können Sie sich vorstellen wie Wellen, die sich auf einem See ausbreiten: Sie stellen Assoziationen her, die wiederum neue Gedanken anstoßen.

Wie funktioniert dieses Priming in der Unternehmensführung? Stellen Sie sich vor, Sie leiten ein Unternehmen, dessen Verkäufe und Gewinne sinken und dessen Aktien an Wert verlieren. Wenn Sie die schlechten Ergebnisse sehen, könnten Sie sich an Investoren erinnern, die glauben, eine Lösung für die Probleme des Unternehmens parat zu haben. Weil Ihr Gehirn darauf geprimt ist, diese Assoziation herzustellen, können Sie rasch denken und handeln, wenn Sie ein mögliches Risiko heraufziehen sehen (zum Beispiel einen Hedgefonds, der einen größeren Anteil an Ihrem Unternehmen sucht und auf einen Sitz im Aufsichtsrat drängt). Das heißt, Sie können sich abzeichnende Chancen und Risiken besser erkennen und darauf reagieren, und das ist die Grundlage des strategischen Denkens.

Mustererkennung ist wesentlich für Entscheidungsfindung und Strategieentwicklung. Mit ihrer Hilfe können Sie Trends, Beziehungen und andere sinnvolle Informationen aus großen Datenmengen herausfiltern. Diese Erkenntnisse können Sie nutzen, um auf Fakten basierende Entscheidungen zu treffen, effektivere Strategien zu entwickeln und künftige Entwicklungen vorherzusehen. Mithilfe der Mustererkennung können Sie außerdem potenzielle Chancen und Risiken absehen, was für eine effektive Strategieentwicklung wichtig ist.

Wahrscheinlich bemerken Sie nicht einmal, dass das geschieht, denn Ihr Gehirn wird weitgehend von System 1 beherrscht, das rasch und automatisch arbeitet. Um Ihr strategisches Denken zu schulen, müssen Sie sich daher auf die Entwicklung von System 2 konzentrieren.

FRAGEN SIE SICH

Wie können Sie sich bewusster machen, wann Sie Kahnemans Denksystem 2 benutzen und wann nicht?

Was sind die Grenzen der Mustererkennung?

Wenn Sie die Fähigkeit der Mustererkennung entwickeln, müssen Sie sich allerdings auch über die Grenzen klar werden, um nicht in einige der verbreiteten Fallen zu tappen. Eine solche Falle wäre es, kognitive Grenzen zu ignorieren. Sie werden nie in der Lage sein, jede für Ihr Unternehmen relevante Entwicklung aufzuspüren und darauf zu reagieren. Die menschliche Aufnahmefähigkeit ist begrenzt, und wenn wir uns zu sehr auf eine Aufgabe konzentrieren, werden wir blind für Dinge, die uns unter normalen Umständen sofort ins Auge stechen würden.

Ein klassisches Beispiel ist der »unsichtbare Gorilla«, ein Experiment der Psychologen Christopher Chabris und Daniel Simons. Sie zeigten Probanden ein Video von Basketballspielern und forderten sie auf, zu zählen, wie oft sie einander den Ball zuwarfen. Mehr als die Hälfte der Teilnehmer bemerkte nicht, dass mitten im Video jemand im Gorillakostüm den Raum betrat, sich auf die Brust trommelte und wieder ging. Auch als sie im Anschluss vom Gorilla erfuhren, konnten sie sich nicht daran erinnern.[7] Sie hatten sich auf den Aspekt des Videos konzentriert, den sie für den wichtigsten hielten, und hatten kaum noch Kapazitäten, um selbst ein derart auffälliges Ereignis wahrzunehmen.

Es gehört zu unserem biologischen Erbe, dass wir den größten Chancen und Risiken Priorität einräumen, weil wir damit unsere Überlebenschancen verbessern. Im Unternehmen hilft dieser Fokus den Führungskräften, sich auf das Wesentliche zu konzentrieren und nicht in einer Informationsflut zu versinken. Das hat allerdings auch seine Nachteile, vor allem in einer immer komplizierteren und unübersichtlicheren Welt.

Das heißt, wir müssen uns auch vor unserer selektiven Aufmerksamkeit in Acht nehmen. Wenn Sie sich Zeit für Einschätzung und Reflexion nehmen, sind Sie eher in der Lage, die Muster zu erkennen, auf die es ankommt, und sich nicht von glitzernden Objekten ablenken zu lassen. Wie die meisten Führungskräfte leiden vermutlich auch Sie darunter, dass Sie immer weniger Zeit haben, und dass Ihre Aufgaben durch die Beschleunigung von technischen, gesellschaftlichen und ökologischen Entwicklungen immer komplexer werden. Doch das unterstreicht nur, wie wichtig es ist, Ihre Mustererkennung zu schulen.

Doch nicht nur unsere begrenzten und selektiven Aufnahmekapazitäten können zur Gefahr werden. Auch Verzerrungen und Vorurteile verstellen uns den Blick auf die zentralen Chancen und Risiken. In seinem Buch *Der schwarze Schwan* beschreibt Nassim Taleb, wie Führungskräfte wieder und wieder große, wenngleich unwahrscheinliche Gefahren (wie die Finanzkrise des Jahres 2008) und Chancen (wie Kryptowährungen oder Blockchain) übersehen.[8]

Sie werden in der Mustererkennung hinter Ihren Möglichkeiten zurückbleiben, wenn Sie sich nicht klarmachen, welchen Vorurteilen Sie bei der Auswahl und Auswertung von Informationen erliegen. Kahneman nennt das menschliche Gehirn »eine Maschine für voreilige Schlussfolgerungen«. Wenn wir nicht über genügend Informationen verfügen, treffen wir Annahmen. Wenn diese Annahmen gut sind und uns eine falsche Annahme nicht allzu teuer zu stehen kommt, dann können wir mithilfe dieser mentalen Abkürzung komplexe Ereignisse bewältigen, auch wenn wir keinen vollständigen Überblick haben.[9]

Daher müssen Sie dringend darauf achten, klassische Fallstricke wie den sogenannten Bestätigungsfehler zu vermeiden – die Tendenz, neue Daten zu suchen, die Sie in Ihren bestehenden Ansichten bestätigen, oder sich nur an Informationen zu erinnern, die Ihre Theorien belegen.

Ein verwandter Fehler ist die »erzählerische Falle«, mit der Sie Muster erkennen, die gar nicht vorhanden sind. Wir versuchen, komplexen und scheinbar unzusammenhängenden Ereignissen einen Sinn zu geben, indem wir uns Geschichten erzählen, die eine Beziehung von Ursache und Wirkung herstellen. Ein Beispiel sind die Finanzmedien. Dort können wir oft lesen, dass Bankaktien infolge von Zinserhöhungen gestiegen seien, doch bei genauerer Analyse finden wir keinerlei Beweise für diesen Zusammenhang und erkennen, dass andere Variablen vernachlässigt wurden.

Eine weitere Spielart des Bestätigungsfehlers ist der sogenannte »Halo-« oder »Heiligenschein-Effekt«, den der Wirtschaftswissenschaftler Phil Rosenzweig in seinem gleichnamigen Buch beschreibt.[10] Darunter versteht man die Tendenz, sich in der Wahrnehmung eines Menschen oder Unternehmens von einem besonders augenfälligen Aspekt leiten zu lassen. In seiner Forschung zeigte Rosenzweig, dass wir aufgrund dieses Effekts die Leistung eines Unternehmens vollkommen falsch einschätzen können. So schließen wir oft aus einer guten Bilanz, dass ein Unternehmen eine gesunde Strategie und Führung hat. Und wenn sich die Leistung dann verschlechtert, kommen wir schnell zu dem Schluss, dass die Strategie nicht mehr passt und der Vorstand selbstgefällig geworden ist. Besonders augenfällige Aspekte strahlen auf den Rest ab und beeinträchtigen unsere Wahrnehmung der Einzelheiten, die zur Bilanz eines Unternehmens beitragen. Oder, um es mit Rosenzweig zu sagen: Wir verwechseln Output und Input.

Eine weitere kognitive Verzerrung ist das Wunschdenken, auch bekannt als der Fehler der versunkenen Kosten. Dieser Denkfehler veranlasst uns, wertvolle Ressourcen in zum Scheitern verurteilte Projekte zu investieren, in der falschen Hoffnung, dass wir frühere Verluste wieder wettmachen könnten. Diese Tendenz steckt hinter vielen Finanzskandalen, etwa wenn sich unseriöse Finanzakteure in immer größere und riskantere Geschäfte verstricken und damit Pleiten oder sogar globale Krisen verschulden.

Und schließlich ist es wichtig, die Schuld nicht bei anderen zu suchen, wenn etwas schiefgeht. Es ist typisch menschlich, die Schuld für schlechte Ergebnisse auf äußere Faktoren zu schieben und sich Erfolge auf die eigenen Fahnen zu schreiben. Psychologen sprechen von einer »selbstwertdienlichen Verzerrung«. Dieser Denkfehler trübt unsere Urteilsfähigkeit und verleitet uns, unsere Stärke und Macht zu überschätzen, was zu potenziell katastrophalen Fehlern führen kann. Strategische Denker vermeiden es daher, nach Sündenböcken zu suchen. Stattdessen spüren sie Strukturen auf, die hinter einer schlechten Leistung stehen, und reformieren diese. Sie sind neugierig und offen für eine große Bandbreite von möglichen Lösungen für ihre Probleme.

Die Schlussfolgerung aus alledem ist, dass Sie die sich rasch veränderte Realität Ihres Unternehmens nicht einschätzen können, wenn Sie mit verzerrenden Fehlwahrnehmungen an die Auswahl und Auswertung von Informationen herangehen. Auf diese Weise sind Sie nicht in der Lage, mögliche Chancen und Risiken zu erkennen und diese zu nutzen, um Ihr Unternehmen auf den richtigen Weg zu bringen.

Daher müssen Sie lernen, häufige kognitive Verzerrungen zu erkennen und zu vermeiden. Das reicht jedoch noch nicht aus. Sie müssen sich nicht nur »entzerren«, sondern auch das kritische Denken entwickeln, um Ihre Fähigkeit zur Mustererkennung zu schärfen und kritisch zu beurteilen. In einer neuen Situation, in der viel auf dem Spiel steht, müssen Sie Ihre erste Wahrnehmung gezielt hinterfragen. Kognitive Verzerrungen können den Blick auf die Wirklichkeit verstellen und dafür sorgen, dass wir nur das sehen, was wir sehen wollen. Strategische Denker stehen ihren Eingebungen skeptisch gegenüber und stellen die Überzeugungen der anderen infrage.

Führungskräfte wie Woods entscheiden sich für Wege, die ihre Pläne und Ziele der Umsetzung näherbringen; doch Mustererkennung kann Ihnen auch Kurskorrekturen nahelegen, um auf Ereignisse in Ihrem Umfeld zu reagieren. Der fortwährende Abgleich ist das Markenzeichen großer strategischer Denker. Wie im Fall von Woods beginnt dieser oft mit einer offenen Diskussion – eine Umgebung, in der das strategische Denken am besten gedeiht. Dazu können Sie mögliche Implikationen mit verschiedenen Teams erörtern, die unterschiedliche Sichtweisen und Erfahrungen einbringen und damit die Problemlösung und Entscheidungsfindung verbessern können.

Die Diskussion kann zum Beispiel die Schwächen Ihres mentalen Modells sichtbar machen, etwa wenn neue Beobachtungen Ihrer ursprünglichen Einschätzung der unternehmerischen Landschaft widersprechen und die strategische Planung unzuverlässig wird. In der Folge können Sie mehr Informationen einholen und Ihre Annahmen hinterfragen, um Ihre Einschätzung zu verbessern. Durch diesen Prozess der Kritik und Korrektur können strategische Denker die Früchte der Mustererkennung überprüfen und verbessern.

FRAGEN SIE SICH

Was können Sie tun, um die genannten Fallstricke zu vermeiden, Ihre Neugierde zu pflegen und sicherzustellen, dass Sie Ihre mentalen Modelle ständig aktualisieren?

Wie können Sie Ihre Mustererkennung schulen?

Es ist zwar wichtig, die Grenzen der Mustererkennung zu respektieren, doch darüber sollten Sie ihre gewaltigen Stärken nicht vergessen. Die Fähigkeit zur Mustererkennung ist in unserem Gehirn angelegt. Doch wie andere Kernkompetenzen des strategischen Denkens lässt es sich auch schulen.

Die Erforschung der Neuroplastizität hat gezeigt, dass das Gehirn seine Aufmerksamkeit und Energie auf Aktivitäten richtet, die unsere kognitiven Fähigkeiten stark beanspruchen.[11] Übung verbessert Ihre Mustererkennung, und Ihr Gehirn muss weniger Energie auf sie verwenden. Nun sind die Hirnregionen, die mit Aufmerksamkeit und bewusster Kontrolle zusammenhängen, deutlich weniger aktiv.

Eine neue Sprache lernen Sie am besten, indem Sie in sie eintauchen. Diese Methode ist auch beim Verständnis komplexer unternehmerischer Situationen sinnvoll. Eintauchen ist deshalb so wichtig, weil wir Zeit benötigen, um ein Milieu »aufzusaugen« und starke mentale Modelle zu entwickeln. (Deshalb ist es gefährlich, zu schnell von einer Position zur nächsten zu wechseln, da Sie nicht genug Zeit haben, um die Dynamik jeder neuen Situation zu beherrschen.)

Sie können unmöglich in allen unternehmerischen Bereichen eine ausgezeichnete Mustererkennung entwickeln. Sie müssen in ausgewählte Bereiche, Branchen oder Interessengruppen – zum Beispiel Marketing, Einzelhandel oder staatliche Aufsicht – eintauchen. Das wiederum bedeutet, dass Sie sehr sorgfältig auswählen sollten, auf welchem Gebiet Sie zum strategischen Denker werden wollen. Nur dann können Sie wirklich eintauchen und Ihre Mustererkennung perfektionieren.

Sie können Ihre Mustererkennung auch schulen, indem Sie bei Experten »in die Lehre« gehen. Suchen Sie Gelegenheiten, um erfahrenen Mustererkennern über die Schulter zu blicken, von ihnen zu lernen und ihr Denken zu verstehen. Dazu ist mehr nötig als nur Zuschauen, und sie müssen bereit sein, ihr Denken mit

Ihnen zu erörtern. Dazu könnten Sie zum Beispiel folgenden Fragen stellen:

- Was waren die wichtigsten Muster oder Signale, die Sie beobachtet haben?
- Haben Sie Parallelen zu Situationen oder Ereignissen erkannt, denen Sie früher begegnet sind?
- Was war neu an dieser Situation oder diesem Problem?
- Wie viel Zutrauen haben Sie in Ihre Schlussfolgerungen?
- Inwieweit schulen Sie Ihr Denken und korrigieren Sie Ihre Herangehensweise?

Darüber hinaus ist es sinnvoll, gezielt Ihre Neugierde zu schulen und sich möglichst viele Informationsquellen zu erschließen. Psychologen haben beobachtet, dass Neugierde den Forscher- und Wachstumsdrang nährt[12] – das ist zum Beispiel dann nützlich, wenn Sie in die Einzelheiten einer Mikroumgebung einsteigen, die Sie ansonsten vielleicht übersehen würden.

Schauen Sie sich auch nach Trends um. Zum Beispiel könnten Sie Zeitungen und aktuelle Forschungsbeiträge einbeziehen, Ihr Informationsnetzwerk ausbauen und Hypothesen über diese Trends aufstellen. Führungskräfte wie Woods sind dank ihrer jahrzehntelangen Erfahrung in der Lage, die ausschlaggebenden Muster zu erkennen, doch sie tun auch viel dafür, um ihr Wissen und ihre mentalen Modelle weiterzuentwickeln. Wie Woods sagt: »Man muss in der Lage sein, eine große Bandbreite von Datenpunkten, qualitativen Dynamiken und Erfahrungen aufzunehmen – und diese Punkte miteinander zu verbinden – um eine Hypothese darüber aufzustellen, worauf Sie in Zukunft setzen sollten.«

Fred W. Smith, Gründer, ehemaliger Vorstandsvorsitzender und heutiger geschäftsführender Vorsitzender des internationalen Kurier- und Logistikunternehmens FedEx, fasste seine Herangehensweise in einem Interview mit der Zeitschrift *Inc.* so zusammen:

> Man muss Informationen aus vielen verschiedenen Bereichen gleichzeitig aufnehmen – vor allem Informationen über Veränderungen, denn Veränderungen bedeuten Chancen. So können Sie zum Beispiel eine Kulturgeschichte Ihres Landes lesen und dabei fällt der Groschen, wohin sich die Demographie bewegt.

Smith erklärte, er lese knapp vier Stunden am Tag, und zwar »alles, Tageszeitungen und Bücher über Management oder Flugzeuge. Mit Zeitschriften versuche ich, mich über die aktuellen technischen Entwicklungen auf dem Laufenden zu halten. Die Zukunft fasziniert mich.«[13]

Auch mit der Auswertung von Fallstudien können Sie Ihre Mustererkennung schärfen. Mithilfe realistischer Fälle (Untersuchungen von konkreten Gruppen, Ereignissen, Unternehmen oder Branchen) und der Reflexion über die geschilderten Erfahrungen können Sie nützliche mentale Modelle entwickeln. Die Forschung zeigt, dass die Auseinandersetzung mit Darstellungen der Realität besonders wirkungsvoll ist.[14]

Auch Simulationen stärken Ihre Mustererkennung. Die Auseinandersetzung mit realistischen Szenarien, zum Beispiel in Unternehmenssimulationen, schärft Ihr Bewusstsein für Situationen, Ihre Mustererkennung und sogar Ihre strategische Planung und Umsetzung. Simulationen sind eine ausgezeichnete Möglichkeit, die so wichtigen mentalen Prozesse des kritischen und strategischen Denkens zu schulen und bessere Entscheidungen zu treffen.

Auch sinnvolles Feedback hilft bei der Entwicklung der Mustererkennung. Wenn wir nach Ausführung einer Aufgabe detailliertes Feedback erhalten, lernen wir rasch, schnellere und korrektere Entscheidungen zu treffen, wie wissenschaftliche Untersuchungen zeigen.[15] Das Feedback bietet Bezugspunkte und stärkt Assoziationen zwischen Reizen und Strategien; auf diese Weise hilft es Ihnen, mentale Modelle zu entwickeln, mit denen Sie in ungewissen Situationen mit unvollständiger Information rasche Entscheidungen treffen können. Feedback hilft Führungskräften außerdem, ihre Glaubenssätze zu überprüfen und kognitive Verzerrungen zu überwinden, die so oft zu schlechten Entscheidungen und Ergebnissen führen.

Zusammenfassung

Mustererkennung ist ein wesentlicher Aspekt des strategischen Denkens, denn es gestattet Ihnen, aus großen Mengen von Daten und Informationen die wesentlichen Muster und Trends herauszufiltern. Sie vertieft Ihr Wissen über Ihr Unternehmen, Ihren Markt und Ihre Kunden und hilft Ihnen, Chancen und Risiken zu erkennen. Nur wenn Sie die zentralen Muster in den wichtigsten Tätigkeitsfeldern Ihres Unternehmens erkennen können, sind Sie imstande, sich auf das Wesentliche zu konzentrieren und erfolgreiche Strategien zu entwickeln. Stärken Sie also Ihre Mustererkennung durch Eintauchen, Beobachtung und Destillation. Im nächsten Kapitel sehen wir uns an, wie die Kernkompetenz der Systemanalyse Ihre Fähigkeit zur Mustererkennung weiter schärfen kann.

CHECKLISTE | Mustererkennung

Am Ende jedes Kapitels finden Sie eine Liste, die die wesentlichen Punkte zusammenfasst und Ihnen helfen soll, bei der Entwicklung jeder Dimension des strategischen Denkens durchzustarten.

1. In welchen Bereichen wollen Sie Ihre Fähigkeit zur Mustererkennung schulen?
2. Wie können Sie am besten in diese Bereiche eintauchen, um Ihre mentalen Modelle zu optimieren?

3. Wie können Sie Ihre Mustererkennung schulen – zum Beispiel mit Simulationen, mit Unterstützung durch Experten oder durch Feedback?
4. Wie können Sie Ihre Neugierde pflegen und über aktuelle Trends auf dem Laufenden bleiben?
5. Wie können Sie Ihr Bewusstsein für Ihre Anfälligkeit gegenüber kognitiven Verzerrungen schärfen?
6. Welche Prozesse können Sie einführen, um sich von solchen Verzerrungen frei zu machen und Ihr kritisches Denken zu schärfen?

Zur Vertiefung

Daniel Kahneman, *Schnelles Denken, langsames Denken.* Siedler, 2012.

Phil Rosenzweig, *Der Halo-Effekt: Wie Manager sich täuschen lassen.* Gabal, 2008.

Caroline E. Zsambok und Gary Klein (Hrg.), *Naturalistic Decision Making.* Routledge, 1997.

Kernkompetenz 2

SYSTEMANALYSE

Bei der Systemanalyse geht es darum, mentale Modelle von komplexen Gebieten wie dem Konkurrenzumfeld Ihres Unternehmens zu entwerfen. Der Prozess der Modellierung besteht aus mehreren Schritten:

1. Komplexe Phänomene werden in ihre Bestandteile heruntergebrochen,
2. wir verstehen, wie diese Elemente zusammenwirken und
3. wir verwenden diese Information, um gute Darstellungen der wichtigsten Ursache-Wirkung-Beziehungen in der Unternehmenswelt zu entwickeln.

Nach innen können Sie die Systemanalyse anwenden, um die Wechselwirkungen und Abhängigkeiten verschiedener Bereiche Ihres Unternehmens wie Funktionen, Prozesse und Systeme zu durchschauen. Wenn Sie verstehen, wie die unterschiedlichen Teile der Organisation zusammenwirken und einander beeinflussen, können Sie Möglichkeiten zur Optimierung ausfindig machen und Strategien zur Leistungssteigerung entwickeln.

Nach außen können Sie mithilfe der Systemanalyse das Umfeld verstehen, in dem Ihr Unternehmen operiert. Durch die Analyse der Interaktion Ihres Unternehmens mit externen Akteuren, zum Beispiel Kunden, Zulieferern, Konkurrenten oder Behörden, können Sie Wachstumschancen identifizieren und Strategien entwickeln, um diese erfolgreich zu nutzen.

Was ist Systemanalyse?

Die Systemanalyse ist ein ganzheitlicher Ansatz, der die Elemente eines Systems nicht für sich genommen betrachtet, sondern ihre

Beziehungen und Wechselwirkungen in den Blick nimmt. Sie geht davon aus, dass das Zusammenspiel der Teile das Verhalten des gesamten Systems beeinflusst. Das heißt, Veränderungen in einem Bereich des Systems können weitreichende Auswirkungen auf andere Elemente haben. Die Systemanalyse ist ein wertvolles Instrument bei der Lösung komplexer Probleme und bei Entscheidungen, bei denen Sie die potenziellen Auswirkungen und Konsequenzen unterschiedlicher Optionen abwägen wollen.

Systemmodelle unterstützen Sie bei der Mustererkennung, indem sie Ihnen den Blick auf das Wesentliche erleichtern. Mit ihrer Hilfe sind Sie schneller in der Lage, neue Chancen und Risiken zu erkennen. Sie können wahrscheinliche Folgen schneller einschätzen und Strategien entwickeln, um die Dynamik des Systems in der von Ihnen gewünschten Weise zu verändern.

Systemanalyse ist ein unentbehrliches Instrument für Wissenschaftler, die Modelle zur Entwicklung des Weltklimas entwickeln, aber auch für Wirtschaftswissenschaftler, die Prognosen zur Entwicklung der Weltwirtschaft aufstellen. Phänomene dieser Art sind zu komplex, um sie im Einzelnen zu verstehen, und übersteigen unsere kognitiven Kapazitäten bei Weitem. Daher müssen sie in Untersysteme heruntergebrochen und einzeln in Modellen erfasst werden. Klimaforscher erstellen Modelle der Atmosphäre, der Meere, der Kryosphäre (der vom Eis bedeckten Flächen) und der Biosphäre. Diese Untermodelle werden unabhängig voneinander entwickelt (und setzen sich ihrerseits aus zahlreichen Bestandteilen zusammen) und können allein oder gemeinsam verwendet werden, um sinnvolle Prognosen zur Entwicklung des Weltklimas zu erstellen.[1] In der Klimaforschung und in der Wirtschaftswissenschaft werden computergestützte Systemmodelle verwendet, deren Algorithmen die Analyse und Mustererkennung unterstützen und die in einer symbiotischen Beziehung die menschlichen Fähigkeiten erweitern.

Ingenieure arbeiten bei der Entwicklung komplexer Produkte schon seit Langem mit oft computergestützten Systemmodellen. Diese Modelle verarbeiten sowohl parallele als auch sequenzielle

Prozesse und werden verwendet, um Durchsatz und Produktivität zu erhöhen (zum Beispiel indem sie Lagerkosten verringern).

Produktentwickler verwenden dagegen »Architekturmodelle«. Produkte der Hochtechnologie sind zu komplex, um sie als Ganzes gestalten zu können. Ein Beispiel sind unsere zunehmend autonomen Fahrzeuge, die aus einer schwindelerregenden Vielzahl von Bestandteilen bestehen – Sensoren, Aktoren, Chips und Algorithmen sowie konventionellere Bauteile wie Motoren, Getriebe und Karosserie. Bei der Entwicklung autonomer Fahrzeuge werden die zahlreichen Bestandteile unabhängig voneinander entworfen und dann integriert, wobei die Vorgaben für die Schnittstellen streng eingehalten werden müssen.

FRAGEN SIE SICH

Haben Sie sich in der Vergangenheit mit Systemanalyse beschäftigt? Haben Sie sie in Ihrer Arbeit angewendet? Wenn ja, wie hilfreich war sie?

Was macht die Systemanalyse so wertvoll?

Um Ihr strategisches Denken zu schulen, können Sie lernen, Systemmodelle zu erstellen, die Ihre Fähigkeit zur Mustererkennung, Aufstellung von Prognosen, Strategieentwicklung und Entscheidungsfindung verbessern und Ihnen so die Möglichkeit geben, schneller zu handeln. Dabei kann es sich um formale, computergestützte Modelle handeln, aber auch um mentale Modelle, die in Ihrem Kopf »ablaufen«.

Viele wichtige Unternehmensbereiche lassen sich als Systeme modellieren: Produktionsabläufe, Unternehmen, Branchen und Märkte. Für Sie als Führungskraft ist die Systemanalyse ein wichtiges Instrument, um die Dynamik Ihres Unternehmens sowie die wirtschaftlichen, politischen und gesellschaftlichen Kräfte des äußeren Umfelds zu verstehen.

Unser Gehirn versucht spontan, komplizierte Probleme in kleinere Bestandteile herunterzubrechen, um uns komplexe Aufgaben zu erleichtern. So wichtig es ist, diese Bestandteile im Einzelnen zu verstehen, so wichtig ist es, zu wissen, wie sie zusammenwirken, wenn wir keine Überraschung erleben wollen.

Ein Beispiel ist die Havarie des Containerschiffs *Ever Given*, das im März 2021 sechs Tage lang den Suezkanal blockierte. Ein einziger Navigationsfehler zerriss die globalen Lieferketten und brachte weite Teile des Welthandels zum Erliegen. Die Folge waren Handelsausfälle im Wert von mehr als 9 Milliarden Dollar pro Tag, was 400 Millionen Dollar pro Stunde oder 6,7 Millionen Dollar pro Minute entspricht.[2] Selbst nachdem der Kanal wieder frei war, brauchte der Welthandel noch Wochen, um sich wieder einzupendeln.

Das lag daran, dass der Welthandel ein hochkomplexes und erstaunlich anfälliges System ist. Die unermüdlichen Bemühungen um eine Steigerung der wirtschaftlichen Effizienz – vor allem der Versuch, die Kosten für die Lagerhaltung zu minimieren – führt dazu, dass Rohstoffe und Bauteile über große Entfernungen transportiert werden, um »just in time« für den nächsten Produktionsschritt einzutreffen.

Solange die Lage stabil ist, funktioniert das System reibungslos und effizient. Es ist jedoch hochgradig anfällig selbst für kleinste Störungen. Da das System kaum noch Spielraum für Verzögerungen und Redundanzen bietet, können diese kleinen Störungen einen Dominoeffekt auslösen und immer mehr und immer größere Probleme nach sich ziehen. Wie es Lukas Kinigader, CEO und Mitgründer des Datenerfassungsunternehmens Anyline, ausdrückt: »Unsere Lieferketten sind die Lebensader der Industrie, und im Zeitalter der Expresslieferung und des ›Just-in-Time‹-Inventars kann schon eine kleine Verzögerung im weiteren Verlauf große Verwerfungen zur Folge haben.«[3]

Logistikexperten hatten schon lange gewarnt, dass selbst kleine Störungen erhebliche Konsequenzen nach sich ziehen können.

Auch wenn sie nicht wussten, wie eine solche Störung genau aussehen würde, war ihnen bewusst, dass der Welthandel für Dominoeffekte dieser Art anfällig war, in denen ein kleines Problem andernorts zu einem Ausfall führt, der wiederum weitere Probleme nach sich zieht, bis schließlich das gesamte System zusammenbricht.[4] Trotzdem haben nur wenige Unternehmen Redundanzen und Spielräume für Ausfälle in ihre Lieferketten eingebaut, weshalb nur wenige den Konsequenzen entgingen.

Die Havarie im Suezkanal war als konkretes Ereignis nicht vorhersehbar, doch man wusste, wie gefährlich eine Störung in einem der Nadelöhre des Welthandels sein konnte. Das heißt, die Systemanalyse ermöglicht es Ihnen, Notfallpläne aufzustellen. Auch wenn Sie nicht genau wissen, welche Krise eintreten wird, können Sie große Gruppen von finanziellen, ökologischen, gesellschaftlichen und politischen Verwerfungen vorwegnehmen. Mithilfe dieser Erkenntnisse können Sie Krisenpläne für Ihr Unternehmen entwickeln, um diesen potenziellen Problemen zu begegnen.

Ein weiteres Beispiel sind die systemischen Auswirkungen der Coronapandemie, die sich zu einer Wirtschaftskrise mit schweren Einbrüchen in Produktion und Verbrauch auswuchs und das Wirtschaftsklima eintrübte. Kluge Anleger nutzten ihr Wissen, wie Märkte unter Belastung reagieren, um die Dominoeffekte der Coronakrise vorherzusehen. Sie erkannten, dass eine kleine Gruppe von Unternehmen von der Pandemie profitieren würde, zum Beispiel Pharmakonzerne, die Impfstoffe herstellten, Technologiekonzerne, die die Arbeit im Homeoffice ermöglichten, oder Internethändler, die vom Lockdown profitierten.

Aufgrund ihres Wissens zogen diese Anleger ihr Geld aus anfälligen Branchen wie Reise und Tourismus ab und investierten in potenzielle Gewinner. So setzte zum Beispiel Bill Ackerman, Direktor des Hedgefonds Pershing Square Capital Management, darauf, dass die Versicherungsbeiträge infolge der Coronakrise 2020 steigen würden, und erzielte mit einer Investition von 27 Millionen Dollar einen Gewinn von 2,6 Milliarden.[5]

Die Systemanalyse hilft Ihnen dabei, Komplexität zu erfassen, Ihre Aufmerksamkeit auf die wesentlichen Fragen zu konzentrieren und Maßnahmen zu ergreifen. Die Welt ist weder stabil noch vorhersehbar, sie wird im Gegenteil immer dynamischer und komplexer. Das geht mit Risiken und Ungewissheiten sowie einer anschwellenden Informationsflut einher. Mithilfe der Systemanalyse können Sie das Rauschen ausschalten und rasch das Wesentliche vom Unwesentlichen unterscheiden. Wenn Sie es beherrschen, können Sie um die Ecke schauen, um es mit Jack Welch zu sagen; mit ihrer Hilfe kommen Sie an das Wissen, das Sie brauchen, um eine potenziell fatale Störung in einen Vorteil für Ihr Unternehmen umzumünzen.

FRAGEN SIE SICH

Bei welchen Herausforderungen für Ihr Unternehmen könnte Ihnen die Systemanalyse weiterhelfen?

Wie funktioniert die Systemanalyse?

Systemmodelle bestehen aus drei Elementen: Einzelbestandteilen, Schnittstellen und Aufgaben. Stellen Sie sich dazu vor, wie Ihr Unternehmen als System modelliert werden könnte. Damit Ihr Unternehmen erfolgreich ist, müssen Sie unterschiedliche Aufgaben und Talente zu einem Ganzen zusammenfügen, das mehr ist als die Summe seiner Teile. Katherine Bach Kalin, frühere Personalmanagerin und heute Mitglied in zahlreichen Aufsichtsräten, drückt das so aus: »Das Entscheidende ist, Beziehungen zwischen Menschen, Aufgaben und Prozessen herzustellen und das Unternehmen und die Chancen breiter anzugehen. Sie müssen verstehen, wie man ein Unternehmen ganzheitlich führt und welche Ressourcen über alle Aufgabenbereiche hinweg benötigt werden.«

Abbildung 2: Eine Variation von Galbraiths »Star Model«

In den 1970er Jahren wurden erste Versuche unternommen, die Systemanalyse auf Unternehmen anzuwenden. 1978 stellte John Galbraith, seinerzeit Professor an der Wharton School of Economics, sein »Star Model« der Unternehmenssysteme vor.[6] 1980 folgte das Beratungsunternehmen McKinsey mit seinem »7-S-Modell«. Die Modelle ähneln einander. Galbraith unterteilte Unternehmen in fünf miteinander verbundene Elemente, die er sternförmig anordnete: Strategie, Struktur, Verfahren, Honorierung und Menschen. McKinsey unterschied sieben Kernvariablen: Strategie, Struktur, Systeme, Spezialfertigkeiten, Stammpersonal, Stil und Selbstverständnis.[7] Galbraiths Modell hat dem Zahn der Zeit besser standgehalten und wird nach wie vor von vielen Führungskräften verwendet, unter anderem weil der Stern ein optisch ansprechendes Schaubild ergibt und man sich fünf Elemente leichter merken kann als sieben.

Das Systemmodell in Abbildung 2 ist meine Abwandlung von Galbraiths Stern. Ich habe »Strategie« zu »strategischer Ausrichtung« erweitert, um Mission, Vision, Zweck, Strategie und Kernziele mit aufzunehmen. Außerdem habe ich Entscheidungsfindung, Fähigkeiten, Systeme und ein neues Element – die Kultur im Zentrum – aufgenommen.

- **STRATEGISCHE AUSRICHTUNG** beinhaltet Zweck, Vision, Werte, Mission, Ziele und Strategie Ihres Unternehmens. Sie eint Menschen hinter einem Ziel und dem Weg dorthin und vermittelt die Begeisterung, Teil dieses Projekts zu sein.
- **STRUKTUR UND ENTSCHEIDUNGSFINDUNG** beschreibt die Organisation der Mitarbeiter in Abteilungen und Gruppen, die Koordinierung ihrer Arbeit (zum Beispiel in bereichsübergreifenden Teams) sowie die Entscheidungsautorität.
- **PROZESSE UND SYSTEME** sind die Ströme von Material und Information. Prozesse verlaufen lateral durch ein Unternehmen, hier wird gearbeitet und hier werden Werte geschaffen. Unternehmen verwenden Systeme, um Kontrolle auszuüben und abgestimmtes Handeln zu ermöglichen, zum Beispiel durch strategische Planung und Haushaltsplanung.
- **MENSCHEN UND FÄHIGKEITEN** sind die Talente und Kernkompetenzen eines Unternehmens. Ein Beispiel wäre der Ausbau der Datenverarbeitungskompetenz durch die Anstellung von Informatikern und die Investition in Analyseinstrumente oder Datenplattformen.
- **MESSUNG UND HONORIERUNG** ist die Art und Weise, wie ein Unternehmen Leistung misst und Anreize schafft. Dazu gehören neben der Bezahlung auch nichtfinanzielle Anreize wie Anerkennung und Aufstiegsmöglichkeiten.
- **KULTUR** sind schließlich die gemeinsamen Werte (was uns am Herzen liegt), Überzeugungen (was wir für richtig halten) und Verhaltensnormen (wie wir handeln), die das Verhalten der Mitarbeiter bestimmen.

Warum ist es sinnvoll, Ihr Unternehmen als System zu begreifen? Weil Sie auf diese Weise Einzelelemente unabhängig voneinander diagnostizieren und gestalten können. Sie können den

Wandel in Ihrem Unternehmen von jedem dieser sechs Elemente her anschieben. Sie könnten auch eine neue Strategie entwickeln, Ihr Unternehmen umstrukturieren, neue Verfahren einführen (die Grundlage des digitalen Umbaus) oder Menschen mit unterschiedlichen Fähigkeiten integrieren.

Dabei kommt es darauf an, zu verstehen, was in den verschiedenen Bereich und dem gesamten System passiert, wenn Sie in einem Bereich eine Stellschraube verändern. Warum? Weil die einzelnen Elemente des Unternehmenssystems zusammenpassen und aufeinander abgestimmt sein müssen. Eine Fehlabstimmung zwischen Elementen, zum Beispiel Strategie und Struktur, kann Dysfunktionen und eine Beeinträchtigung der Leistungsfähigkeit zur Folge haben.

Nehmen wir zum Beispiel an, Sie wollen Ihr Unternehmen mit Ihrer neuen Strategie kundenzentrierter machen. Damit werden Sie scheitern, wenn Sie zum Beispiel die Entscheidungsfindung ausklammern, oder wenn Sie keine Prozesse und Daten haben, um das Verhalten Ihrer Kunden zu analysieren. Wenn Sie also zu dem Schluss kommen, dass Ihr Unternehmen eine neue Strategie benötigt, dürfen Sie den Umbau anderer Elemente Ihres Unternehmens nicht vernachlässigen.

Finden Sie Punkte, an denen Sie den Hebel ansetzen können

Mithilfe der Systemanalyse können Sie zudem Ansatzpunkte erkennen – Punkte, an denen Sie durch kleine Veränderungen große Wirkung im gesamten System erzielen können.

Im Mittelpunkt des obigen Systemmodells steht die Kultur, denn sie wird durch alle anderen Elemente geprägt. Zum Beispiel durch:

- den Zweck, die Vision und die Werte der strategischen Ausrichtung;

- die Zahl der Schichten, hierarchischen Beziehungen und Entscheidungsprozesse der Struktur und Führung;
- die Auswirkungen von Prozessen und Systemen auf die Arbeitsweise;
- den Hintergrund und die Fähigkeiten der einflussreichsten Mitarbeiter;
- die Anreize, die sich durch die Messung und Honorierung von Leistungen ergeben.

Nehmen wir an, Sie wollen die Kultur Ihres Unternehmens verändern. Wenn Sie wissen, welchen Einfluss die übrigen Elemente auf die Kultur haben, können Sie Punkte finden, an denen Sie Ihren Hebel ansetzen können. Um Verhaltensweisen zu verändern, müssen Sie zum Beispiel Ihre Ziele mit Blick auf das erwünschte Verhalten definieren. Dann müssen Sie Personalsysteme verändern, die sich auf das Verhalten der Mitarbeiter auswirken – Auswahl, Einarbeitung, Leistungsmessung, Motivation, Weiterbildung und Aufstiegschancen –, um dieses zu verstärken.

Identifizieren Sie Grenzfaktoren

Systemmodelle lassen sich auch zur Suche nach Grenzfaktoren oder Zwängen einsetzen. Für Managementautor Peter M. Senge, Autor des Klassikers *Die fünfte Disziplin*, einem bahnbrechenden Buch über organisatorisches Lernen, war die Analyse der »Grenzen des Wachstums« ein klassisches Einsatzgebiet der Systemanalyse.[8]

Der Grundgedanke ist, dass die begrenzte Verfügbarkeit von Schlüsselressourcen die Wachstumsmöglichkeiten eines Unternehmens einschränkt. Das entspricht der Suche nach Nadelöhren und Flaschenhälsen, die der Produktion Grenzen setzen, ganz egal wie viel Zeit und Ressourcen auf andere Bereiche verwendet werden. Das ist auch als »Theorie der Zwänge« bekannt, die Eliyahu M. Goldratt in seinem Wirtschaftsroman *Das Ziel* darstellt.[9]

Ein verwandter Gedanke kommt aus dem Projektmanagement. Hier wird die Geschwindigkeit der Durchführung eines Projekts bestimmt von der Zeit, die zur Durchführung des zeitintensivsten Arbeitsabschnitts nötig ist. Wenn Sie Grenzfaktoren, Flaschenhälse und Zwänge in einem System identifizieren, können Sie dort den Hebel ansetzen, um Kräfte freizusetzen, das Wachstum zu steigern, die Produktivität zu verbessern und die für einen bestimmten Prozess benötigte Zeit zu reduzieren.

Erkennen Sie Rückkopplungen

Ebenso wichtig ist es, herauszufinden, ob das System über stabilisierende Rückkopplungen verfügt. Wesentlich sind hier die Vorstellungen des »Zustands« und »Gleichgewichts« aus der Systemanalyse. Unter dem Zustand eines Systems versteht man den Status der wichtigsten Variablen zu einem bestimmten Zeitpunkt. Ein System befindet sich im Gleichgewicht, wenn der Status stabil ist oder innerhalb eines zulässigen Bereichs schwankt. Eine positive Rückkopplung stellt sich dann ein, wenn der Output eines Systems als Input wieder in das System eingespeist wird.

Stabilität ist oft wünschenswert. In autonomen Fahrzeugen gibt es zum Beispiel ein Untersystem, das die Einhaltung der erwünschten Geschwindigkeit steuert. Wenn das Fahrzeug zu stark beschleunigt (etwa weil die Straße abschüssig ist), dann sorgt die Rückkopplung für eine Abschwächung der Motorenleistung. Und wenn sich das Fahrzeug zu stark verlangsamt (weil es bergauf geht), gibt das System Gas. So hält das Fahrzeug seine Geschwindigkeit mehr oder weniger konstant, auch wenn diese innerhalb vorgegebener Grenzen schwankt.

Auch Ihr Unternehmen benötigt solche Rückkopplungen, um seine Leistung konstant halten zu können. So lässt sich zum Beispiel die Kontrolle der Finanzen durch die Brille der Rückkopplung verstehen. Wenn die Gewinne Ihres Unternehmens schwächeln, sollten Sie das natürlich frühzeitig erkennen. Sobald Sie das Problem wahrnehmen, können Sie sich ihm zuwenden und die nötigen Korrekturen vornehmen. Dazu muss die Finanzkontrolle jedoch 1. darauf angelegt sein, Dinge zu messen, die vorzeitig vor aufkommenden Problemen warnen, und 2. über einen Rückkopplungsmechanismus verfügen, der die Aufmerksamkeit bündelt und die richtigen Korrekturen ermöglicht.

Doch nicht immer sind Stabilität und die zugehörigen Rückkopplungsschleifen wünschenswert, etwa wenn Sie Ihr Unternehmen umbauen wollen. Maßnahmen dieser Art stoßen in der Regel auf Kräfte, die sich jeder Veränderung widersetzen. Zu diesen »hemmenden Kräften« zählen starre Denkweisen, Furcht vor Veränderungen, widersprüchliche Anreize und die Kultur. In normalen Zeiten tragen diese dazu bei, dass das Unternehmen stabil und produktiv bleibt. Doch wenn sich das Unternehmen selbst verändern muss, um auf neue Herausforderungen zu reagieren, dann können sie sich als große Hemmnisse erweisen. Dann müssen diese Kräfte überwunden werden, um das Unternehmen in einen neuen und besseren Zustand zu überführen.

Vorsicht vor Nichtlinearität und Kipppunkten

Schließlich müssen Sie sich bewusst machen, dass die Dynamik eines Systems oft in entscheidenden Punkten nicht linear ist und ihre Kipppunkte hat. Von einem linearen System spricht man, wenn die Veränderungen beim Input proportional zu Veränderungen beim Output sind. Wenn Sie zum Beispiel in Ihrem Auto aufs Gaspedal treten, dann beschleunigt es proportional zu der Kraft, die Sie dabei aufwenden. Wenn Sie doppelt so kräftig aufs Pedal treten, dann verdoppelt sich auch die Geschwindigkeit. Stellen Sie sich nun ein nicht lineares Gaspedal vor. Sie treten etwas kräftiger aufs Pedal, und Ihr Auto beschleunigt um 10 Prozent. Sie verstärken den Druck noch einmal um dieselbe Kraft, und plötzlich beschleunigt es um 100 Prozent. Und dann um 1 000 Prozent. Sie würden schnell die Kontrolle über Ihr Auto verlieren und einen Unfall verursachen.

Genauso nicht linear verhält sich ein System, wenn die Erträge bei steigendem Energieaufwand zurückgehen. Stellen Sie sich vor, das träfe auf die Bremse Ihres Autos zu. Sie berühren die Bremse kaum, und das Auto bremst stark ab, aber wenn Sie danach fester treten, hat dies weniger zusätzliche Auswirkungen. Am Ende steigen Sie in die Eisen, aber das Auto kommt nicht zum Stehen. Wenn Sie zum Beispiel in Ihrem Unternehmen die Arbeitsbedingungen verbessern wollen, könnten die Resultate Ihrer Bemühungen ab einem bestimmten Punkt sinken. Wenn Sie gute Arbeitsbedingungen geschaffen haben und Ihren Mitarbeitern Teilzeitarbeit oder Homeoffice ermöglichen, dann gewinnen Sie vermutlich nicht mehr viel, wenn Sie noch einen Starbucks-Gutschein obendrauf legen. Achten Sie also auf mögliche nicht lineare Effekte in Ihrem System und auf kleine Veränderungen, die unbeabsichtigte Nebenwirkungen oder verringerte Erträge haben könnten.

Kipppunkte sind dagegen Punkte, an denen ein einigermaßen stabiles System eine kritische Schwelle erreicht, ab der es sich rasch, nicht linear und unumkehrbar verändert. Der Klimawandel ist das beste Beispiel für die möglichen Gefahren, die mit dem Überschreiten einer solchen Schwelle einhergehen können. Wissenschaftler warnen, dass bestimmte Aspekte des Klimas einen Kipppunkt erreichen könnten, ab dem sich die Lebensbedingungen auf der Erde rasch und drastisch verschlechtern werden.

Eine wichtige Schwelle ist die Schmelze der Polkappen. Da Eis weiß ist, reflektiert es einen großen Teil der Sonneneinstrahlung zurück ins All. Wenn das Eis schmilzt, kommen darunter Erde oder Wasser zum Vorschein, die beide dunkler sind und einen größeren Teil der Sonnenenergie aufnehmen, was wiederum die Eisschmelze und die Erderwärmung beschleunigt. Bei der Erwärmung der Pole wird irgendwann eine weitere kritische Schwelle erreicht: Wissenschaftler warnen, dass beim Auftauen der Permafrostböden große Mengen der Klimagase Kohlendioxid und Methan in die Atmosphäre gelangen. Das führt zu einem weiteren Temperaturanstieg und möglichen plötzlichen, dramatischen und unumkehrbaren Veränderungen des Klimasystems.

Veränderungen im Unternehmen sind zum Glück nicht annähernd so komplex und haben weniger katastrophale Auswirkungen. Hier können Kipppunkte sogar etwas Gutes haben. Sobald der Umbau weit genug vorangeschritten ist, können sich zum Beispiel die Kräfte des Widerstands abschwächen oder vollkommen verschwinden. Die Mitarbeiter, die sich den Veränderungen (aktiv oder passiv) widersetzt haben, könnten einsehen, dass die Veränderungen ohnehin kommen werden, und sich mit ihnen arrangieren oder gehen.

FRAGEN SIE SICH

Veranlassen Sie diese Überlegungen, die Herausforderungen für Ihr Unternehmen anders zu sehen und möglicherweise besser zu verstehen?

Wie machen Sie Ihr Unternehmen anpassungsfähig?

Die Systemanalyse hilft Ihnen nicht nur bei Modellierungen und Prognosen, sondern auch bei der Entwicklung von neuen Verfahren. Ein Beispiel ist die Coronaimpfung. Mit halsbrecherischer Geschwindigkeit wurden Milliarden von Impfdosen hergestellt und in alle Welt ausgeliefert. Der Impfstoff von Pfizer-BioNTech enthält mehr als 280 verschiedene Inhaltsstoffe, zu seiner Herstellung waren 25 Zulieferer aus 19 Nationen nötig.[10] Es war ein Triumph der Wissenschaft, Medikamentenentwicklung und Logistik.

Gut gestaltete Systeme sind anpassungsfähig. Sie erkennen aufkommende Risiken (und Chancen) und passen sich entsprechend an. Viele Unternehmen bleiben hinter ihrem Potenzial zurück oder gehen bankrott, weil sie zu bürokratisch und starr geworden sind, weshalb sie Risiken und Chancen zu langsam erkennen und zu träge reagieren.

Um Ihr Unternehmen anpassungsfähiger zu machen, können Sie es mit einem Ansatz des Strategieberaters Amit S. Mukherjee versuchen. Stellen Sie sich zunächst einige grundlegende Fragen: Was sind die wesentlichen Elemente des Unternehmenssystems und wie sollten sie zusammenspielen? Was bedeutet das für die Gestaltung des Unternehmens? Wie Mukherjee klarmacht, setzt Anpassung die Fähigkeit voraus, Veränderungen zu erkennen und auf sie zu reagieren. Wenn ein Unternehmen sie gar nicht oder nicht schnell genug erkennt, wird es Gefahren oder Chancen erst dann wahrnehmen, wenn es schon längst zu spät ist.[11]

Gefahren erkennen

Sehen wir uns an, wie Ihr Unternehmen potenzielle Gefahren erkennen und auf sie reagieren kann (für Chancen gilt Ähnliches). Als erstes benötigt Ihr Unternehmen ein Untersystem zur Gefahrenerkennung, das Veränderungen registriert und mögliche Bedrohungen identifiziert. Dieses Untersystem muss Muster erkennen und zwischen echten Signalen, die Handlungen erfordern, und Hintergrundrauschen unterscheiden. Sonst übersehen Sie wichtige Signale und reagieren nicht ausreichend, oder Sie sehen falsche Signale und überziehen die Reaktion.

Dieses so wichtige Untersystem besteht aus allem, was Ihr Unternehmen tut, um die Außenwelt (Gesellschaft, Aufsichtsbehörden, Konkurrenz) und die Innenwelt des Unternehmens zu beobachten, mögliche Bedrohungen zu erkennen und Bewusstsein für die Notwendigkeit von Veränderungen zu schaffen. Die Personalabteilung konzentriert sich darauf, Mitarbeiter zu rekrutieren und zu halten; Ihre Juristen behalten die Entwicklung von Gesetzen und Auflagen im Auge; die Marketingabteilung beobachtet die sozialen Medien; Strategen verfolgen die Konkurrenz und so weiter.

Ihr Unternehmen verfügt vermutlich bereits über viele effektive Mechanismen zur Gefahrenerkennung. Aber Sie sollten sich ein Urteil darüber bilden, ob 1. jedes Element ausreichend wirkungsvoll ist, um Muster zu erkennen und rasch darauf zu reagieren; 2. Ihr Input angemessen aufgenommen und interpretiert wird und 3. in der Gefahrenerkennung Ihres Unternehmens keine bedrohlichen Lücken klaffen.

Wird Ihr Unternehmen gelegentlich von Gefahren überrascht, die nicht erkannt wurden? Oder wurden sie erkannt, aber zu spät? Manchmal versagt dieses Untersystem, weil die Überraschung zwar vorhersehbar war, aber nicht vorhergesehen wurde. Das passiert, wenn Silos die Weitergabe von Informationen und die Integration von Erkenntnissen verhindern, oder wenn Mitarbeiter nicht die richtigen Anreize haben. Viele Unternehmen scheitern an vorhersehbaren Überraschungen in der eigenen Struktur.

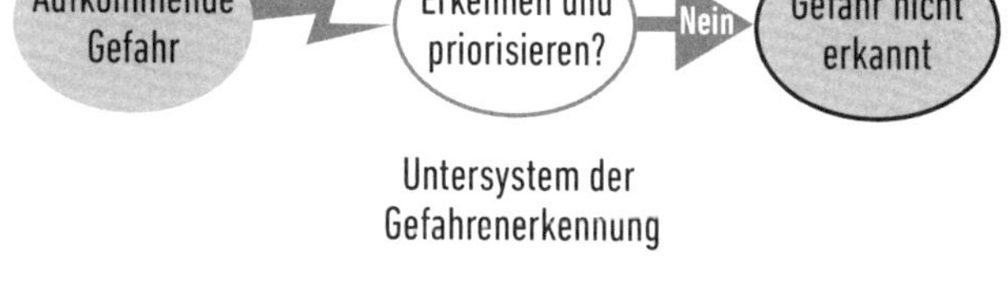

Abbildung 3: Ein Untersystem der Gefahrenerkennung

Reaktion auf eine Krise

Natürlich gibt es unvorhersehbare Überraschungen, die uns treffen können wie der berühmte Blitz aus heiterem Himmel. Wenn sie gravierend genug sind, können Sie Krisen auslösen, auf die Sie und Ihr Unternehmen eine wirkungsvolle Antwort finden müssen. Die Fähigkeit zum Krisenmanagement ist daher ein zweites Untersystem einer anpassungsfähigen Organisation. Das ist der Mechanismus, durch den sich Ihr Unternehmen selbst mobilisiert und möglichen Schaden eindämmt. Oft gehören eigene Organisationsstrukturen dazu, die das Unternehmen vom Normalbetrieb in »Kampfmodus« umschalten. Oft geht dies mit einer Zentralisierung der Führung einher, mit dem Ziel, rasch und koordiniert reagieren zu können. Gutes Krisenmanagement verfügt über einsatzbereite Ressourcen, zum Beispiel einen modularen Einsatzplan mit Kommunikationsprotokollen und fertigen Drehbüchern, auf die man sofort zurückgreifen kann.[12] Gute Krisenmanagementsysteme sollten auch modular aufgebaut sein – zum Beispiel in Form von vorgefertigten Skripten für die Kommunikation und festen Ablaufplänen für die Schließung oder Evakuierung von Einrichtungen.

Aus Erfahrung lernen

Nachdem Ihr Unternehmen eine Krise gemeistert hat, sollten Sie nicht einfach in Business As Usual zurückfallen, sondern eine Phase einschieben, in der Sie aus der Krise lernen. Sie sollten fertige Verfahren zur Hand haben, um die Lektionen zu verarbeiten und zu kommunizieren und auf diese Weise die Untersysteme der Gefahrenerkennung und des Krisenmanagements für die Zukunft zu stärken. Das entspricht der bei Streitkräften üblichen Manöverkritik, in der die an einem Einsatz beteiligten Offiziere über Erfolge und Misserfolge reflektieren und daraus lernen sollen. Die Erkenntnisse werden gesammelt und bei der Ausbildung künftiger Offiziersgenerationen verwendet.[13]

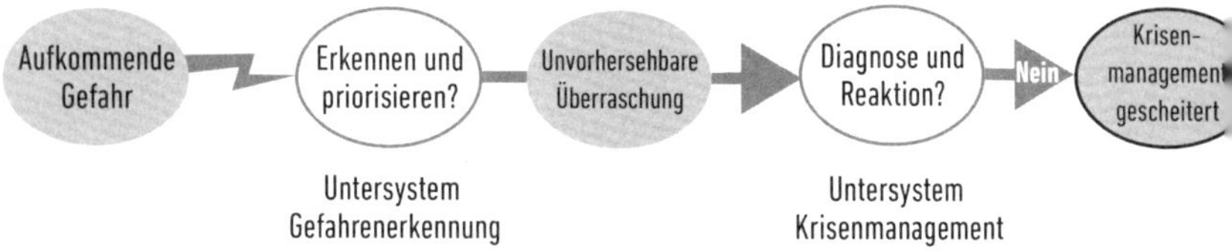

Abbildung 4: Zusammenwirkung des Untersystems zur Gefahrenerkennung mit einem Untersystem zum Krisenmanagement

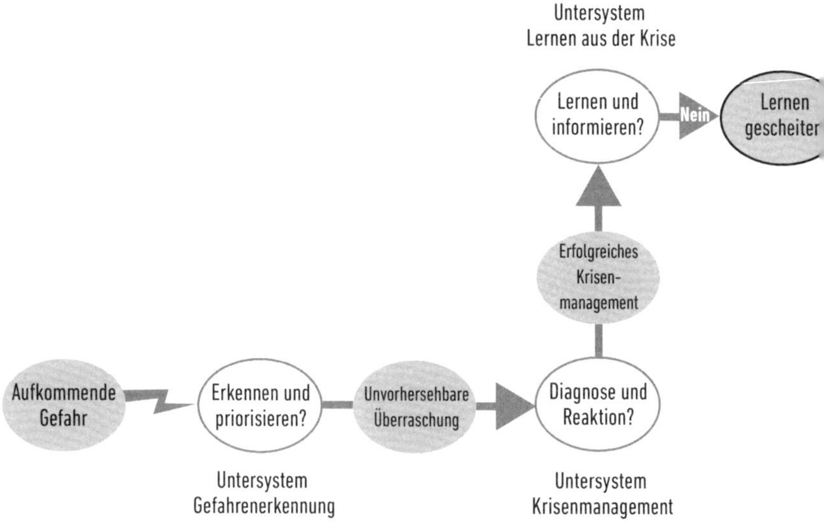

Abbildung 5: Integration eines Untersystems »Lernen aus der Krise«

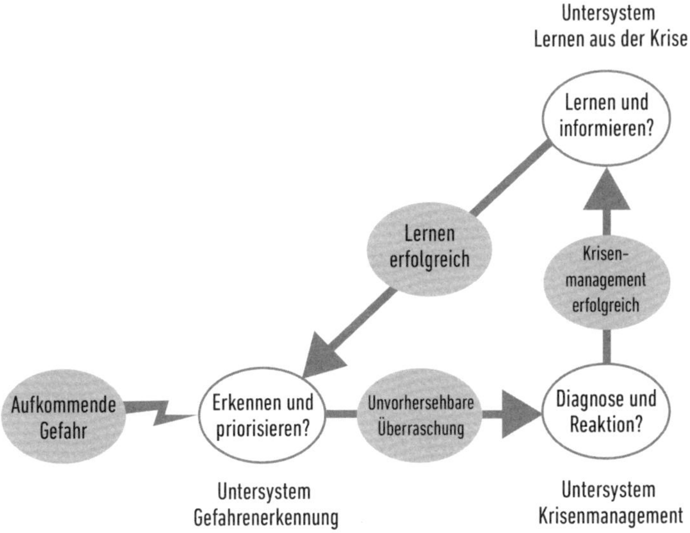

Abbildung 6: Wie Erkenntnisse des Untersystems »Lernen aus der Krise« andere Untersysteme im Unternehmen unterstützen

Prävention künftiger Probleme

Was passiert schließlich, wenn die Gefahrenerkennung in Ihrem Unternehmen funktioniert und vor einer aufkommenden Bedrohung warnt? Inwieweit ist Ihr Unternehmen in der Lage, Gefahren nicht nur zu erkennen, sondern vorausschauend zu handeln, um Krisen zu vermeiden? Dazu benötigt Ihr Unternehmen ein Untersystem zur Prävention von Problemen, das vorausschauend aktiv wird und Sie vor Feuerwehreinsätzen bewahrt (weil vermeidbare Probleme übersehen werden und sich zur Krise auswachsen).

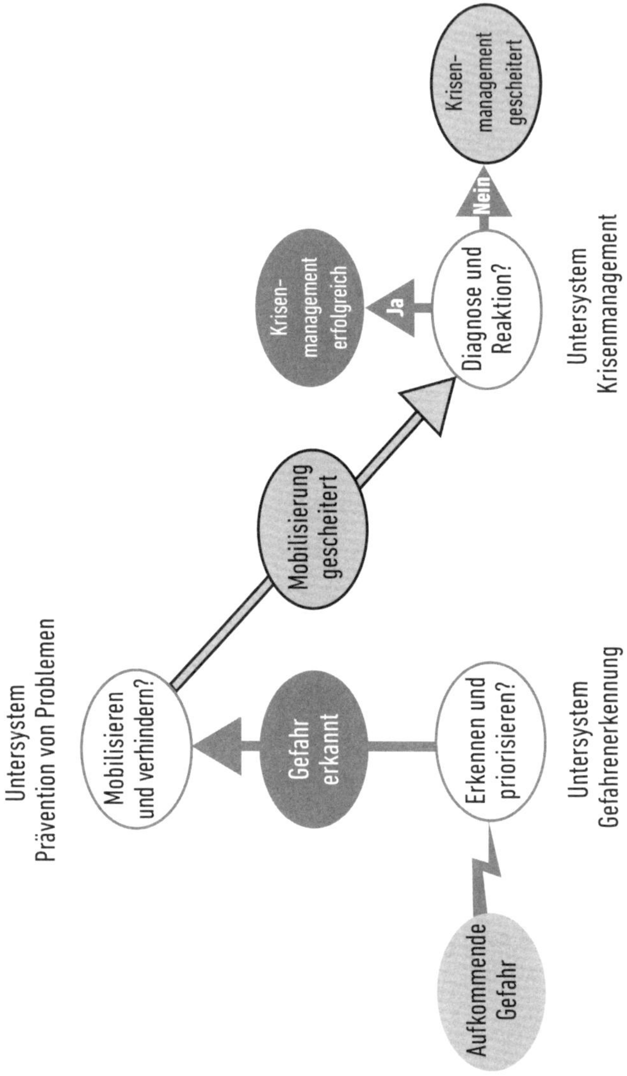

Abbildung 7: Integration eines Untersystems zur Prävention von Problemen

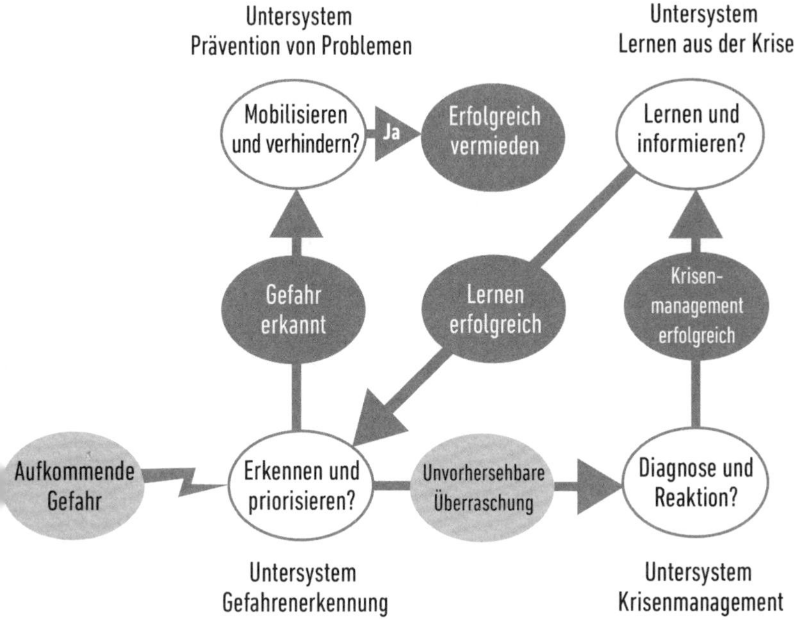

Abbildung 8: Die vier vernetzten Untersysteme

Damit Ihr Unternehmen anpassungsfähig ist und effektiv auf externe und interne Entwicklungen reagieren kann, benötigt es also vier eigenständige, aber miteinander verknüpfte Untersysteme:

- **GEFAHRENERKENNUNG**: Erkennen von aufkommenden Bedrohungen und Einleiten der Reaktion.
- **KRISENMANAGEMENT**: Diagnose der Überraschung, die zu einer Krise führen könnte, und Reaktion.
- **LERNEN AUS DER KRISE**: Nachbereitung der Krise und Weitergabe der Erkenntnisse, um in Zukunft unnötige Probleme zu vermeiden.
- **PRÄVENTION**: Mobilisierung von Ressourcen und Maßnahmen zur Abwendung von absehbaren Krisen.

Wenn diese Untersysteme gut funktionieren und wie geplant zusammenarbeiten, wird Ihr Unternehmen in der Lage sein, in unserer zunehmend turbulenten Welt zu bestehen.

Hier geht es zwar um Gefahren und Risiken für Ihr Unternehmen, doch dieselbe Logik lässt sich auch auf den Umgang mit möglichen Chancen anwenden. Diese Fähigkeit, heraufziehende Gelegenheiten zu erkennen und nicht nur auf Probleme zu reagieren, zeichnet echte Strategen aus.

Um Chancen zu nutzen, muss man sie erst einmal erkennen. Wenn diese Chancen vielversprechend und zeitlich sensibel sind, müssen Sie schnell handeln. Mit einem Erfolg könnten Sie vielleicht zum Marktführer werden. Wenn Ihre Bemühungen – zum Beispiel bei der Einführung eines neuen Produkts – scheitern, dann sollte Ihr Unternehmen aus dieser Erfahrung lernen. Und natürlich ist es wünschenswert, dass Ihr Unternehmen auch im Normalbetrieb viele kleine Möglichkeiten zur Verbesserung nutzt.

Um ein guter strategischer Denker zu werden, müssen Sie Ihre Fähigkeiten schärfen,

1. Mustererkennung und Systemanalyse zu nutzen, um Chancen und Risiken zu erkennen,
2. Krisen durch unvorhersehbare Überraschungen bewältigen,
3. aus diesen Erfahrungen lernen und
4. Probleme schon im Vorfeld vermeiden.

FRAGEN SIE SICH

Wo hat Ihr Unternehmen Spielräume, um anpassungsfähiger zu werden? Wie könnten Sie dort aktiv werden?

Was sind die Grenzen der Systemanalyse?

Systemmodelle sind nur dann hilfreich, wenn sie die Dynamik und die wesentlichen Eigenschaften eines Bereichs erfassen. Das bezeichnet man als »Modelltreue«. Von geringer Modelltreue spricht man, wenn die wesentliche Dynamik nicht erfasst wird oder entscheidende Größen nicht mit einbezogen werden. Ein Systemmodell ist nur so gut wie die Annahmen, die in seine Erstellung einfließen. Wenn Ihr Modell zu einfach ist, können Ihre Prognosen gefährlich irren oder gravierende nicht beabsichtigte Konsequenzen haben.

Daher müssen Sie erkennen, wo die Grenzen Ihres Modells liegen. Gute Modelle weisen eine hohe Entsprechung mit einem System auf, auch wenn sie es natürlich nie mit 100-prozentiger Genauigkeit abbilden können. Gute Prognosen sind nur möglich, wenn wir über möglichst korrekte, vollständige und aktuelle Informationen verfügen. Unser Gehirn bevorzugt einfache und lineare Zusammenhänge von Ursache und Wirkung. Doch lineare Modelle versagen, wenn das System eine nicht lineare Dynamik aufweist oder Kipppunkte hat. Und unerwartete Wendungen können unser Modell gänzlich auf dem falschen Fuß erwischen.

Auch unsichtbare Veränderungen können gravierende Probleme verursachen – ein veraltetes Modell ist oft schlechter als gar keines. In einer Zeit der raschen wirtschaftlichen Veränderungen kommt es daher darauf an, Ihre Modelle rechtzeitig zu aktualisieren oder aufzugeben. Dabei kommt es nicht nur darauf an, neue Informationen aufzunehmen, sondern auch darum, obsolete Modelle zu vergessen. Dazu müssen Sie erkennen, wann ein altes Modell unvollständig oder nutzlos ist. Dann müssen Sie ein neues Modell finden oder entwickeln, das Ihnen bessere Dienste leistet. Daher sollten Sie es sich zum Ziel machen, neue Denkgewohnheiten zu entwickeln, und vermeiden, in alte Denkweisen zurückzufallen.

Wie können Sie Ihre Systemanalyse schulen?

Wie die meisten nützlichen Dinge verlangt die Schärfung der Kernkompetenz der Systemanalyse Ihren Einsatz. Schätzungsweise 95 Prozent der Bevölkerung sind nicht in der Lage, in Systemen zu denken, weil sie es gewöhnt sind, bei Problemlösungen in einfachen Zusammenhängen von Ursache und Wirkung zu denken.[14] Dass nur wenige Menschen in der Lage sind, große Zusammenhänge zu durchschauen, macht noch einmal deutlich, welche Vorteile Systemdenker haben. Viele haben die Grundzüge aus dem Studium mitgenommen, vor allem, wenn sie Ingenieursstudiengänge oder Naturwissenschaften studiert haben. Doch diesen Hintergrund brauchen Sie gar nicht. Wahrscheinlich arbeiten Sie bereits mit Systemmodellen, auch wenn Sie dies nicht so bezeichnen würden. Erinnern Sie sich an Ihre Schulzeit und daran, was Sie über den Wasserkreislauf gelernt haben: Das Wasser verdunstet, kondensiert, geht als Niederschlag zu Boden und versickert wieder im Erdreich. Experimente haben gezeigt, dass selbst Kinder sehr schnell lernen können, in Systemen zu denken.[15]

Im ersten Schritt der Modellierung legen Sie die Grenzen des Systems fest. Das ist wichtig, um Klarheit herzustellen und die Komplexität zu verringern. Wenn Sie diese Grenzen jedoch zu eng fassen, könnten Sie mögliche Folgewirkungen übersehen. Aber auch zu weit gefasste Grenzen können Probleme verursachen, weil die wichtigsten Erkenntnisse möglicherweise in der Datenflut untergehen. Es gibt kein Modell für alle Fälle. Die Grenzen müssen je nach Problem individuell festgelegt werden.

Im nächsten Schritt kartieren Sie, was passiert, warum es passiert und wie (A verursacht B, C verursacht A und so weiter). Diese Kartierung gestattet Ihnen, das Verhalten komplexer Systeme zu verstehen, um es erfolgreich zu verändern. Eine ausgezeichnete Möglichkeit, Ihr Systemdenken zu schulen, bieten Kausalschleifendiagramme, mit deren Hilfe Sie das Zusammenspiel der verschiedenen Elemente visualisieren können. Diese Diagramme vertiefen Ihr Verständnis und bieten Ihnen eine gute Möglichkeit, Ihre mentalen Modelle zu überprüfen. Sie können auch Kollegen bitten, Ihre Annahmen abzuklopfen, um auf diese Weise Ihre Modelle stringenter zu machen.

Im dritten Schritt beurteilen Sie, ob Ihr System Grenzfaktoren hat, die Ihrer Aufmerksamkeit bedürfen. Würde die Unternehmensleitung zum Beispiel einer überschaubaren Investition zustimmen, um eine benötigte Kompetenz zu erwerben? Schließlich müssen Sie verschiedene Lösungen durchdenken und mittels Simulationen, Experimenten oder Prototypen auf ihre mögliche Wirksamkeit überprüfen. Nach der Einschätzung der Erfolgswahrscheinlichkeit können Sie eine Entscheidung treffen. Sollte die Lösung nicht greifen, wiederholen strategische Denker den Prozess, bis sie das gewünschte Ergebnis erzielt haben.

In einer zunehmend komplexen Welt sind verlässliche Prognosen allerdings ausgesprochen schwierig, wenn nicht unmöglich. Ihr Ziel sollte es also nicht seit, die gesamte Palette der künftigen Möglichkeiten Ihres Unternehmens vorherzusehen; in unserer schnelllebigen Welt ist es wichtiger, das Ausmaß der Ungewissheit selbst einschätzen zu können. Diese Einschätzung bietet eine wichtige Perspektive, die Ihre Intuition stärkt und Ihnen hilft, bessere Entscheidungen zu treffen.

Letztlich können Sie Ihre Fähigkeit zur Systemanalyse durch Übung schärfen. Ein geeignetes Instrument sind Unternehmenssimulationen, denn sie bieten ein übersichtliches Szenario, mit dem Sie experimentieren können und Ursache-Wirkungs-Zusammenhänge besser verstehen lernen. Und anders als in der wirklichen Welt können Sie zurückspulen und etwas Neues ausprobieren, falls Sie im ersten Anlauf scheitern.

Zusammenfassung

Systemanalyse ist eine Kernkompetenz des strategischen Denkens, die auf Ihrer Fähigkeit zur Mustererkennung aufbaut. Mit ihrer Hilfe können Sie vereinfachte Modelle des Unternehmensumfelds erstellen und besser mit Komplexität umgehen. Der Systemansatz gestattet Ihnen ein präziseres Verständnis der zentralen Elemente und Interaktionen sowie bessere Diagnosen und Lösungen. Im nächsten Kapitel stelle ich Ihnen eine dritte Kernkompetenz vor, die Sie in der Systemanalyse und Strategieentwicklung unterstützt: die geistige Beweglichkeit.

CHECKLISTE | SYSTEMANALYSE

1. Gibt es in Ihrem Unternehmen Bereiche, die komplex und schwer zu verstehen sind, und wenn ja, wäre es sinnvoll, sie als Systeme anzugehen?
2. Hilft Ihnen der systemische Ansatz, wesentliche Dynamiken Ihres Unternehmens zu verstehen, Probleme zu erkennen und Veränderungen in die Wege zu leiten?
3. Was sind die wichtigen Ansatzpunkte, Grenzfaktoren und Rückkopplungsschleifen in den Systemen, mit denen Sie zu tun haben?
4. Können Sie die Systemanalyse nutzen, um Ihr Unternehmen anpassungsfähiger zu machen?
5. Wie können Sie Ihre Fähigkeit schulen, die Systemanalyse in Ihrem Unternehmen anzuwenden?

Zur Vertiefung

Peter M. Senge, *Die fünfte Disziplin: Kunst und Praxis der lernenden Organisation.* 11., völlig überarbeitete und aktualisierte Auflage. Klett-Cotta, 2011.

Steven Schuster, *The Art of Thinking in Systems. A Crash Course in Logic, Critical Thinking and Analysis-Based Decision Making.* Selbstverlag, 2021.

Donella H. Meadows, *Die Grenzen des Denkens: Wie wir sie mit System erkennen und überwinden können.* Oekom Verlag, 2019.

Kernkompetenz 3

GEISTIGE BEWEGLICHKEIT

Als strategischer Denker müssen Sie in der Lage sein, flexibel mit der Komplexität Ihres Unternehmens umzugehen, neue Informationen aufzunehmen und sich auf das Wesentliche zu konzentrieren. Mustererkennung und Systemanalyse sind die Grundlage dafür, sinnvolle Strategien zu entwickeln und diese an die sich verändernden Umstände anzupassen. Diese Fähigkeiten können Sie weiter stärken, wenn Sie eine dritte Kernkompetenz beherrschen: die geistige Beweglichkeit. Dabei handelt es sich um die Fähigkeit, immer wieder neu darüber nachzudenken, wie Sie Ihr Unternehmen am besten durch die zunehmende Komplexität, Ungewissheit, Volatilität und Ambiguität steuern.

Geistige Beweglichkeit basiert auf zwei kognitiven Säulen, die einander ergänzen und verstärken. Die erste ist die Fähigkeit, zwischen Ebenen wechseln zu können. Das bedeutet, sich einer schwierigen unternehmerischen Situation auf unterschiedlichen Analyseebenen zu nähern, um die Bäume *und* den Wald zu sehen, künftige Entwicklungen vorherzusehen und ihre Bedeutung für die Gegenwart zu verstehen, und sich fließend und gezielt zwischen den Ebenen hin und her zu bewegen.

Die zweite Säule der geistigen Beweglichkeit ist das Spiel. Dabei handelt es sich um die Fähigkeit, sich auf diejenigen »Spiele« zu konzentrieren, die Ihr Unternehmen spielen muss, und die Züge anderer intelligenter Spieler vorwegzunehmen, um sie in Ihre Strategie einzubeziehen. Jede Ihrer Entscheidungen bewirkt Reaktionen bei Kunden, Zulieferern, Konkurrenten, Aufsichtsbehörden und so weiter. Wie reagiert die Konkurrenz, wenn Sie ein neues Produkt auf den Markt bringen? Wie reagieren die Wettbewerbshüter, wenn Sie ein Unternehmen aufkaufen? Wie reagieren Ihre Handelsvertreter, wenn Sie ein neues Anreizsystem einführen?

Die Fähigkeit, zwischen Ebenen hin und her zu wechseln und Szenarien durchzuspielen, erlaubt es Ihnen, neue Chancen und Risiken schnell zu erkennen und darauf zu reagieren.

Lernen Sie, zwischen Ebenen hin und her zu wechseln

Zwischen Ebenen wechseln zu können bedeutet, eine Situation auf unterschiedlichen Analyseebenen zu betrachten und zwischen der Adler- und der Froschperspektive hin und her springen zu können. Das ist ein wesentlicher Bestandteil des strategischen Denkens. Gene Woods brachte es auf den Punkt, als er sagte:

> Ich erkläre meinen Leuten, dass wir »Wolken- bis Bodendenker« sein müssen. Sie können keine Strategie entwickeln, wenn Sie nicht verstehen, was in Ihrem Unternehmen vor sich geht und wenn Sie nicht wissen, ob es Ihr Vorhaben unterstützt oder nicht. In jeder Strategiediskussion mit meinem Team wechsle ich immer wieder zwischen Wolken und Boden hin und her.

Mit dem Wechsel zwischen Ebenen können Sie außerdem über das Hier und Jetzt Ihres Unternehmens nachdenken und gleichzeitig den Blick auf die Zukunft richten – eine ganz entscheidende Fähigkeit. Der ehemalige Personalchef eines Versicherungskonzerns beschreibt es so:

> Unternehmensführer werden leicht vom Alltagsgeschäft und den Details aufgefressen. Sie müssen in der Lage sein, einen erheblichen Teil Ihrer Energie auf das Morgen zu richten und die Maßnahmen zu ergreifen, die nötig sind, damit Ihr Unternehmen die Ziele erreicht, die Sie sich für die Zukunft gesetzt haben.

Wenn Sie zwischen Ebenen wechseln, können Sie Chancen und Risiken aus verschiedenen, einander ergänzenden Perspektiven betrachten. Damit versetzen Sie sich in die Lage, jede mögliche Sichtweise einzunehmen und die Standpunkte anderer zu integrieren, um bessere Entscheidungen zu treffen. Die besten strategischen Denker wechseln fließend zwischen verschiedenen Analyseebenen hin und her. Sie können tief in die Details einsteigen, um sicherzustellen, dass die Verantwortlichen ihre Arbeit machen. Und Sie können Abstand gewinnen und das große Ganze in den Blick nehmen.

Vor allem wissen Sie, wann Sie von einer Ebene zur anderen wechseln müssen. Woods erklärt:

> Sie müssen wissen, wann Sie in der Wolke sein müssen, und wann am Boden. Wenn Sie zu viel Zeit am Boden verbringen, bleiben Sie im Morast der Details stecken. Aber wenn Sie nur in den Wolken schweben, fehlt Ihnen der Einblick ins Unternehmen, den Sie für Ihre Strategie brauchen. Deswegen müssen Sie die richtige Flughöhe finden.

Wer nicht zwischen Ebenen wechseln kann, wird kaum ein guter strategischer Denker. Michael Parker, der frühere Vorstandsvorsitzende von Dow Chemicals, fasst es so zusammen:

> Ich habe talentierte Leute erlebt – Leute mit einem höheren IQ als ich – die als Führungskräfte gescheitert sind. Sie können geniale Reden halten und verfügen über immenses Wissen. Sie wissen alles über die höheren Ebenen, aber über das, was sich unten im System abspielt, wissen sie nicht genug.[1]

Wenn Sie diese Fähigkeit schulen und nutzen, sollten Sie unbedingt darauf achten, Ihre Leute mitzunehmen. Je schneller Sie zwischen den Ebenen hin und her schalten, umso größer ist die Gefahr, dass Sie Ihr Team unterwegs verlieren. Die neue Direktorin eines Pharmaziekonzerns gestand, dass sie mit ihren ersten Berichten unter ihren Mitarbeitern eine Art Schleudertrauma verursacht habe, weil sie zu rasch zwischen verschiedenen Brennweiten hin und her gewechselt sei. Diese Fähigkeit ist eines ihrer Erfolgsgeheimnisse. Sie hat ein Talent dafür, Visionen und Strategien zu entwickeln, und gleichzeitig benötigt sie detailliertes Wissen über die von ihrem Konzern hergestellten Medikamente, die Ärzte, die sie verschreiben, und die Patienten, die sie einnehmen sollen. Doch ihre Mitarbeiter waren nicht in der

Lage, ihr beim Wechsel zwischen den Analyseebenen zu folgen. »Ich musste erst lernen, Sie vor jedem Wechsel vorzuwarnen«, erinnert sie sich.

FRAGEN SIE SICH

Wie gut gelingt es Ihnen, zwischen unterschiedlichen Ebenen hin und her zu wechseln? Schweben Sie zu oft in den Wolken oder verheddern sich am Boden in den Details?

Lernen Sie, zu spielen (und zu gewinnen)

Die Spieldimensionen der geistigen Beweglichkeit basiert auf der Spieltheorie, die auch als die »Wissenschaft der Strategie« bezeichnet wird. Hier geht es darum, die für den Erfolg Ihres Unternehmens entscheidenden »Spiele« zu spielen und zu gewinnen. Ihre Mitspieler sind intelligente Akteure, zum Beispiel Konkurrenten, die Züge machen und auf Ihre Züge reagieren, um genau wie Sie ihre Ziele zu erreichen. Woods sagt daher:

> Ein Unternehmen zu führen, ist wie Simultanschach, bei dem man mehrere Partien gleichzeitig spielt. Zu den Spielern im äußeren Umfeld Ihres Unternehmens zählen Politiker, Aufsichtsbehörden, Konkurrenten und Kunden. Einige können Sie kontrollieren, andere können Sie beeinflussen, und wieder andere sind freie Akteure. Doch die Figuren stehen nie still.

Zu den Spielen eines Unternehmens gehört die gemeinsame Wertschöpfung, also die Kooperation genauso wie der Kampf um Werte, also die Konkurrenz. Kooperation bedeutet, dass Sie Bündnisse mit anderen Akteuren eingehen, die komplementäre

Ziele verfolgen. Ein klassisches Beispiel ist ein Branchenverband, dessen Mitglieder versuchen, die Gesetzgebung im Sinne aller Angehörigen zu beeinflussen (auch wenn Gruppierungen innerhalb des Bündnisses oft versuchen können, abweichende Ziele zu erreichen).

Konkurrenz bedeutet dagegen, dass die Spieler versuchen, das größte Stück von einem fest vorgegebenen Kuchen für sich zu bekommen. Ein Beispiel sind die Wettbewerber einer langsam expandierenden Branche, die versuchen, ihren Marktanteil zu erhöhen und ihren Konkurrenzkampf mit den Mitteln des Marketings und Preisgestaltung führen. Doch selbst in hart umkämpften Branchen gibt es oft implizite (und legale) Kooperationen zwischen Unternehmen. Auf diese Weise können sie zum Beispiel einen Preiskampf vermeiden, um die Gewinne aller nicht zu gefährden.

Strategische Denker müssen daher:

- einschätzen, welche Spiele sie spielen;
- herausfinden, wer die übrigen Mitspieler sind, und was ihnen wichtig ist;
- Chancen erkennen, wo sie durch Kooperation Werte schaffen können und durch Konkurrenz um Werte kämpfen müssen;
- und ihre Strategie entsprechend ausrichten.

Machen Sie sich die Spieltheorie zunutze

Die Spieltheorie basiert auf mathematischen Theorien und wurde bei der Lösung von zahlreichen unternehmerischen Problemen angewendet, etwa bei der dynamischen Preisgestaltung von Flugtickets. Leider lassen sich viele reale Unternehmensentscheidungen (noch) nicht von ihr erfassen. Dennoch ist die

Spieltheorie ein unverzichtbarer Pfeil im Köcher von strategischen Denkern.

Die Bedeutung der Spieltheorie für Ihre Strategie lässt sich an einigen Beispielen veranschaulichen. Eines ihrer Konzepte – *der Vorteil des ersten Zugs* – geht auf klassische Strategiespiele wie Schach zurück, in denen die Spieler nacheinander ihre Züge machen und einer als Erster an der Reihe ist. Ist es von Vorteil, den ersten Zug zu machen? Im Schach lautet die Antwort eindeutig Ja. Wissenschaftler haben ermittelt, dass Spieler mit den weißen Figuren bei gleicher Spielstärke einen Vorteil haben und ein Spiel mit einer Wahrscheinlichkeit von 52 bis 56 Prozent für sich entscheiden.[2]

In der Wirtschaft versteht man unter dem Vorteil des ersten Zugs in der Regel, dass jemand als Erster einen neuen Markt betritt und damit auf lange Sicht mehr Einnahmen und Gewinne erzielt als die Konkurrenz.[3] In einem Spiel, in dem es auf die Reihenfolge ankommt, ist es potenziell von Vorteil, der Erste zu sein. Wenn sich zum Beispiel eine Branche konsolidiert, machen gut florierende Unternehmen oft den ersten Schritt und bekommen die attraktivsten Stücke vom Kuchen ab. Das heißt, Sie müssen frühzeitig wissen, ob Sie ein Spiel spielen, in dem es vorteilhaft sein könnte, den ersten Zug zu machen.

Das bringt uns wieder zur Bedeutung der Mustererkennung. Innerhalb Ihres Unternehmens können Sie manchmal an Einfluss gewinnen, wenn Sie als Erster Probleme thematisieren und formulieren. Der Entscheidungsprozess in Unternehmen ist wie ein Fluss: Große Entscheidungen zur Problemlösung werden bereits in der Anfangsphase vorgegeben, wenn noch Alternativen gesucht und Kosten und Nutzen abgewägt werden. Sobald das Problem formuliert und die Handlungsoptionen definiert sind, fließt der Fluss in einem festen Bett, und die letztliche Entscheidung ist oft nur noch eine Formsache. Ein anderes Beispiel ist der Einfluss, den Menschen haben, die eine Gruppe organisieren, um gemeinsame Interessen zu vertreten.

Natürlich ist der erste Zug nicht immer die beste Strategie. Manchmal ist es besser, ein *schneller Verfolger* zu sein. Stellen Sie sich vor, Sie leiten die Forschungsabteilung eines Pharmakonzerns und es wird ein neues Analyseverfahren entwickelt, das die ersten Phasen der Forschung deutlich beschleunigen könnte. Das Verfahren ist jedoch kostspielig, und es ist noch gar nicht gesagt, dass es sein Versprechen tatsächlich hält. Sie könnten schon heute investieren (um der Erste zu sein) und den Konkurrenzvorteil nutzen. Oder Sie könnten erst einmal abwarten, was passiert, wenn Start-ups das Verfahren weiterentwickeln, und diese dann aufkaufen oder Mitarbeiter einstellen, um die inzwischen erprobte Technik bei sich aufzubauen (und damit zum schnellen Verfolger zu werden).

In vielen Spielen können oder wollen die Mitspieler nicht direkt miteinander kommunizieren und wählen indirekte *Signale.* So sind zum Beispiel Preisabsprachen verboten, doch Unternehmen dürfen Preise senken oder anheben und ihren Mitbewerbern auf diese Weise Signale senden.

Nehmen wir als Beispiel eine Branche, die sich in einem *stabilen Gleichgewichtszustand* befindet, ein weiterer Schlüsselbegriff der Spieltheorie. Der Gleichgewichtszustand bedeutet, dass keiner der Mitspieler einen Anreiz hat, von seiner aktuellen Kooperations- und Konkurrenzstrategie abzuweichen.[4] Stellen wir uns vor, die Mitspieler haben stabile Marktanteile und Gewinne, und ihre Preis- und Entwicklungsstrategien halten dieses Gleichgewicht aufrecht. Nehmen wir weiter an, dass dieses Gleichgewicht auch deshalb stabil bleibt, weil der Ausbruch eines Mitspielers (zum Beispiel der Versuch, durch Preissenkungen Marktanteile zu gewinnen) wirkungsvoll bestraft wird.

Stellen Sie sich nun vor, dass plötzlich die Inflation rasant ansteigt, und dass die Verteuerung der Rohstoffe und Arbeitskräfte die Gewinne sämtlicher Branchenteilnehmer zusammenschmelzen lässt. Die offensichtliche Reaktion ist, dass alle ihre Preise anheben. Die Frage ist nur: Wer macht den ersten Schritt? Und wie reagiert die Konkurrenz? Es besteht die Gefahr, dass Unternehmen Alpha seine Preise anhebt, aber Unternehmen Beta nicht mitzieht, in der Hoffnung, auf diese Weise seinen Marktanteil zu vergrößern. Alpha könnte also die Preise in einer Produktgruppe anheben, um zu sehen, ob Beta nachzieht. In diesem Fall könnte Alpha seine Preise auf breiter Front anheben, und es entsteht ein neues stabiles Gleichgewicht.

Wie bereits erwähnt kann man über Signale die Mitspieler auch von unerwünschten Zügen abhalten. Nehmen wir an, Beta beschließt, in einer wichtigen Produktgruppe die Preise zu senken, um Alpha Marktanteile abzujagen. Alpha könnte seine Bereitschaft signalisieren, die Rentabilität der gesamten Branche aufs Spiel zu setzen, indem es seine Preise noch weiter senkt. Indem Alpha das Gespenst eines für alle vernichtenden Preiskriegs heraufbeschwört, könnte Alpha Beta abschrecken – vorausgesetzt, die Drohung ist glaubwürdig.

Signale sind außerdem eine Möglichkeit, verbindliche Verpflichtungen einzugehen und unerwünschte Züge der Mitspieler zu unterbinden. Das ist eine Variante des Vorteils des ersten Zugs. Nehmen wir an, Sie leiten einen großen Hersteller von Elektroautos. Sie haben sich zwar als einer der Pioniere eine solide Position auf dem Markt verschafft, doch nun droht zunehmend Konkurrenz durch etablierte Autoherstellern und durch von Risikokapitalgebern finanzierte Start-ups.

Die Entwicklung und Produktion von Elektroautos erfordert erhebliche Investitionen, die andere Mitspieler nur dann tätigen werden, wenn sie das Risiko für kalkulierbar halten. Also kündigen Sie den Bau einer großen Batteriefabrik an und unterstreichen Ihre Absicht, indem Sie Grundstücke zum Bau der Fabrik erwerben, die vorläufige Genehmigung der Behörden einholen und Verträge mit Zulieferern abschließen. Wenn Sie die Konkurrenz überzeugen, dass Sie sich unwiderruflich auf diese Strategie festgelegt haben, dann werden diese ihre Risikoabschätzung überdenken und möglicherweise von eigenen Investitionen Abstand nehmen.

Die Spieltheorie hilft Ihnen aber nicht nur, zu entscheiden, ob und wie Sie den ersten Zug machen (oder Signale senden), sondern sie hilft Ihnen vor allem, die besten Kombinationen von Zügen zu finden – die sogenannte *Sequenzierung*. Stellen Sie sich vor, als Abteilungsleiter wollen Sie den Vorstand überzeugen, ein Start-up zu übernehmen. Ihr Unternehmen hätte vermutlich Verfahren zur Bewertung und Prüfung potenzieller Übernahmen. Daneben ist es allerdings entscheidend, die nötige politische Unterstützung für Ihre Agenda zu erhalten. Sie sollten also strategisch darüber nachdenken, wer die wichtigsten Entscheidungsträger sind und wer wiederum Einfluss auf deren Entscheidungen ausübt. Dann überlegen Sie sich eine erfolgversprechende Reihenfolge, in der Sie mit den Beteiligten über die Übernahme sprechen. Dabei besteht Ihr Ziel darin, eine Dynamik in die gewünschte Richtung in Gang zu bringen. Wenn Sie eine Schlüsselfigur ins Boot holen, wird es vermutlich einfacher, die Unterstützung anderer zu gewinnen. Je breiter Ihre Basis, umso wahrscheinlicher wird ein Erfolg, und umso einfacher wird es, weitere Unterstützer zu gewinnen.

In diesem Fall handelt es sich um ein Spiel ohne Kontrahenten. In den wichtigsten Spielen gibt es jedoch weitere intelligente Mitspieler, mit denen Sie kooperieren oder konkurrieren können. Dann müssen Sie überlegen, wie andere Akteure auf Ihre Handlungen reagieren könnten.

Der folgende »Spielbaum«[5] hilft Ihnen bei der Sequenzierung. Angenommen, Sie ziehen in Erwägung, den Preis eines Produkts anzuheben, für das Sie einen großen Konkurrenten haben, aber Marktführer sind. Sie müssen nun darüber nachdenken, ob Sie eine Preiserhöhung ankündigen wollen. Zuvor sollten Sie sich jedoch überlegen, wie Ihr Konkurrent reagieren könnte. Er könnte seinen Preis ebenfalls anheben oder nicht. Sie sollten nun abwägen, wie wahrscheinlich jedes dieser Szenarien ist, und was Sie in jedem dieser beiden Fälle tun würden. Sie könnten versuchen, die Wahrscheinlichkeit abzuschätzen – nehmen wir an, Sie sehen die Wahrscheinlichkeit, dass er bei der Preiserhöhung nachzieht oder nicht, bei jeweils 50 Prozent. Nun müssen Sie ermitteln, welche Vorteile es für Ihre Gewinne bedeutet, wenn Ihr Konkurrent die Preiserhöhung mitträgt, oder welche Marktanteile Sie verlieren könnten, wenn er es unterlässt.

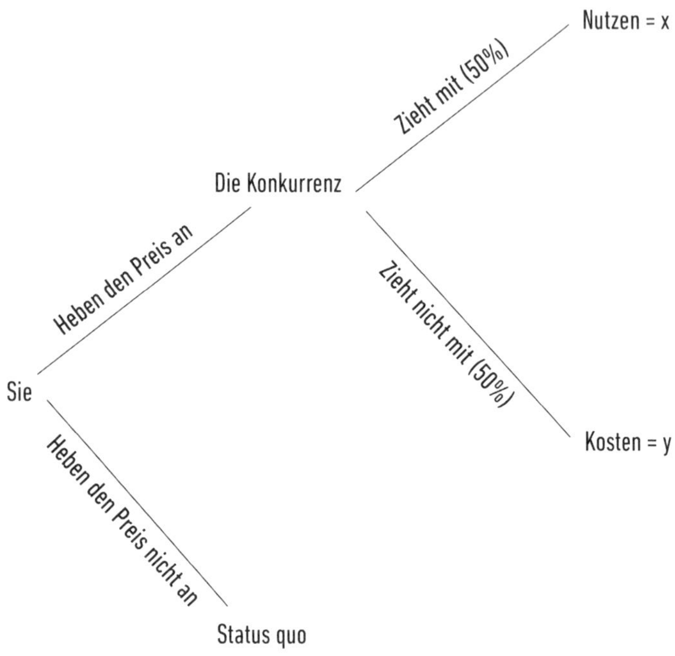

Abbildung 9: Ein Spielbaum zur Abwägung einer Preiserhöhung

Das zeigt der Spielbaum in Abbildung 9. Wenn Sie die Abfolge der Züge und Gegenzüge skizzieren, sollten Sie die Abfolge mit dem größtmöglichen *Erwartungswert* für Ihr Unternehmen wählen. Da Sie in diesem Fall eine Wahrscheinlichkeit von 50 Prozent für jede der Entscheidungen des Konkurrenten angesetzt haben, ist der Erwartungswert der Preiserhöhung positiv, wenn der Nutzen der Preiserhöhung des Konkurrenten größer ist als die Kosten des Gegenteils.

Erwartungswert = 0,5 × Nutzen + 0,5 × Kosten.

Der Wert ist > Null, wenn Nutzen > Kosten.

Sie können *Sequenzstrategien* aufstellen, indem Sie da beginnen, wo Sie jetzt stehen, von dort aus einen Weg zu Ihrem gewünschten Ziel zeichnen, und dabei die möglichen Kosten der Reaktion der anderen Beteiligten einbeziehen. Mithilfe der *Rückwärtsinduktion* können Sie dagegen in die Zukunft blicken und sich überlegen, wo Sie am Ende stehen möchten, und von dort aus rückwärtsgehen, um zu sehen, welche Entscheidungen Sie am ehesten an Ihr Ziel bringen. Die besten Schachspieler blicken auf das Endspiel und stellen sich die besten Stellungen vor, und denken von dort aus rückwärts, um einen Plan aufzustellen, mit dem sie diese erreichen können.[6]

Auch die *Epochenplanung* arbeitet mit der Logik der Rückwärtsinduktion. In einem ersten Schritt wird die Dauer der Epoche festgelegt – so weit blicken Sie in die Zukunft. In diesen turbulenten Zeiten wäre es unrealistisch, anzunehmen, Sie könnten über einen Horizont von zwei oder drei Jahren hinaus planen. Und natürlich können sich Pläne durch einschneidende Ereignisse wie eine Pandemie, einen Krieg oder Klimakatastrophen vollkommen verändern (weshalb es wichtig ist, mögliche Gefahren vorherzusehen und entsprechende Notfallpläne bereitzuhalten, wie wir im vorigen Kapitel gesehen haben).

Wenn Sie das Ende der Epoche festgelegt haben, nehmen Sie zwei Dimensionen in den Blick: »was sein wird« und »was sein könnte«. Stellen Sie sich zum Beispiel vor, Sie planen Ihre berufliche Entwicklung für die kommenden drei Jahre. Sie haben gerade eine führende Position im Vertrieb eines mittelgroßen Unternehmens übernommen und gehen davon aus, dass Sie drei Jahre lang auf dieser Position bleiben werden.

Die Dimension »was sein wird« bezieht sich darauf, was Sie am Ende dieser drei Jahre in dieser Position erreicht haben werden. Um das herauszufinden, überlegen Sie sich, wie Ihr Erbe aussehen soll. Dann denken Sie rückwärts und bestimmen, was Sie in den kommenden sechs Monaten erreichen müssen, um den Grundstein dafür zu legen.

In der Dimension »was sein könnte« geht es darum, Optionen dafür zu entwickeln, was Sie als Nächstes tun. Stellen Sie zunächst drei bis fünf mögliche Zukunftsszenarien für sich auf. Gehen Sie dabei so transparent wie möglich vor. Einige könnten eine natürliche Fortsetzung Ihrer aktuellen Tätigkeit sein – Sie könnten zum Beispiel Vorstandschef Ihres Unternehmens werden. Es ist jedoch auch sinnvoll, sich einige unkonventionelle oder ehrgeizige Ziele zu stecken – zum Beispiel die Gründung eines eigenen Unternehmens. Wie bei der Dimension »was sein wird« können Sie von dort aus rückwärts denken und sich fragen, wie Sie sich Brücken bauen und Optionen schaffen können, um diese Szenarien zu verwirklichen.

Das Rückwärtsdenken lässt sich auch auf die Strategieentwicklung im Unternehmen anwenden, indem Sie

- einen Planungshorizont festlegen;
- in die Zukunft blicken und sich ansehen, »was sein wird« und »was sein könnte«;
- rückwärts denken, um herauszufinden, was Sie in nächster Zukunft tun müssen, um einen ersten Schritt zur Umsetzung dieser Ziele zu unternehmen.

Diese Herangehensweise hilft Ihnen auch, eine Vision für die Zukunft Ihres Unternehmens zu entwerfen, wie wir im nächsten Kapitel sehen werden.

Wie können Sie Ihre geistige Beweglichkeit schulen?

Geistige Beweglichkeit mag zum Teil eine angeborene Gabe sein, doch mit Übung lässt sie sich trainieren. Um beim Wechsel zwischen verschiedenen Ebenen besser zu werden, reicht es für den Anfang schon aus, zu erkennen, wie wichtig es ist. Erinnern wir uns, strategische Kompetenz ist die Summe aus Begabung + Erfahrung + Übung. Hoffentlich können oder konnten Sie Erfahrungen sammeln und aus erster Hand erleben, wie wirkungsvoll der Wechsel zwischen Ebenen ist, etwa in der Zusammenarbeit mit bewährten strategischen Denkern. Darüber hinaus hilft nur regelmäßiges Üben, um sich das Umschalten zwischen unterschiedlichen Ebenen zur Denkgewohnheit zu machen. Das können Sie, indem Sie die Situationen, mit denen Sie zu tun haben, immer wieder aus verschiedenen Blickwinkeln betrachten. Verbinden Sie dies mit Ihrer Fähigkeit zur Systemanalyse. Wenn Sie vor einem Problem oder einer Entscheidung stehen, halten Sie inne und fragen Sie sich: »Verstehe ich die Dynamik besser, wenn ich Sie als System denke?« Wenn ja, dann wechseln Sie bewusst zwischen dem großen Ganzen auf der einen Seite und den konkreten Details und Beziehungen auf der anderen hin und her. Beobachten Sie dabei Ihre Neigung, zu sehr über den Wolken zu schweben oder sich in Details zu verzetteln. Wenn das passiert, wechseln Sie gezielt auf eine andere Ebene.

Genauso können Sie Ihre Fähigkeit (und die Ihres Teams) schulen, zwischen Gegenwart und Zukunft umzuschalten. Es ist nur natürlich, den Blick auf die unmittelbare Zukunft zu richten. Disziplinieren Sie sich daher und fragen Sie: »Wie stellt sich diese Situation in einem Monat, in sechs Monaten oder in einem Jahr dar?« Und: »Lässt sich die aktuelle Situation besser verstehen, wenn wir sie aus Sicht der Zukunft betrachten?« An diesem Punkt finden Sie auch vom Umschalten zwischen den Ebenen zur Spieltheorie.

Auf ähnliche Weise können Sie auch Ihre Spielfähigkeiten schulen. Schärfen Sie Ihre Fähigkeit, Handlungen und Reaktionen vorherzusehen. Denken Sie, wenn ich »A« tue, dann reagieren die anderen vermutlich mit »B«, und wenn ich »X« mache, antworten sie wahrscheinlich mit »Y«. Versuchen Sie, ein paar »Züge« weit in die Zukunft zu blicken und denken Sie von dort aus rückwärts, um über Ihre nächsten Spielzüge zu entscheiden.

Das Training Ihrer geistigen Muskeln ist jedoch nicht die einzige Möglichkeit, Ihre geistige Beweglichkeit zu schulen. Mit Spielen wie Schach, die Sie auch auf dem Handy und gegen virtuelle Gegner spielen können, schärfen Sie Ihre Fähigkeit, Aktionen und Reaktionen zu durchdenken. Bei Kartenspielen wie Skat oder Doppelkopf können Sie darüber hinaus das Signalisieren üben, etwa beim Reizen oder indem Sie bestimmte Karten ausspielen, um dem Mitspieler zu signalisieren, was Sie auf der Hand haben und was Sie gemeinsam erreichen können.

In komplexeren Situationen oder in der Strategiearbeit mit Teams ist die Szenarienplanung ein guter Ansatz, um den Blick in die Zukunft zu schulen. Bei der Arbeit mit Szenarien geht es darum, die Fähigkeit zu schulen, sich jede erdenkliche Möglichkeit vorzustellen. Damit schärfen Sie Ihr Bewusstsein für die Chancen und Risiken Ihres Unternehmens und üben sich darin, robuste Strategien zu entwickeln, um auch auf größere Umwälzungen in der äußeren Umwelt zu reagieren.

Wenn Sie die strategische Kompetenz Ihres Teams stärken wollen, könnten Sie einen Workshop zur Szenarienplanung durchführen. Übungen dieser Art fördern den offenen Austausch über mögliche künftige Entwicklungen und deren Bedeutung. Ziehen Sie die Möglichkeit in Betracht, auch externe Experten einzuladen, die einen Beitrag zur Diskussion über die künftige Ausrichtung Ihres Unternehmens leisten können. Dies kann der Kreativität und Innovation sehr förderlich sein.

EIN WORKSHOP ZUR SZENARIENPLANUNG

In ihrem Buch *Scenario Thinking* skizzieren George Wright und George Cairns acht Schritte für die Organisation eines Szenario-Workshops[7]:

1. Benennen Sie die zentralen Probleme und geben Sie einen Zeitrahmen für deren Lösung vor. Hier kann es helfen, Interessengruppen zu befragen, um den Kontext der Probleme besser zu verstehen.
2. Benennen Sie die äußeren Kräfte, welche die strategische Landschaft verändern – zunächst einzeln, um so viele Sichtweisen wie möglich zu nutzen, dann in der Gruppe, um wesentliche Punkte zu klären.
3. Fassen Sie diese Kräfte zu Gruppen zusammen, um die schiere Menge der Ideen kognitiv zugänglicher aufzubereiten. Indem Sie Beziehungen zwischen diesen Kräften aufdecken, können Sie sich eher klarmachen, welchen Einfluss jede einzelne auf die Entwicklung der anderen hat.
4. Benennen Sie zwei extreme aber mögliche Auswirkungen für jede Gruppe von Kräften und bestimmen Sie dann ihren relativen Einfluss auf das zentrale Problem.
5. Schätzen Sie die Wahrscheinlichkeit jedes dieser Ergebnisse ein und überprüfen Sie, ob sie unabhängig voneinander sind – wenn nicht, verbinden Sie sie zu einem Faktor, um die Bandbreite der Möglichkeiten zu erweitern.
6. Gleichen Sie die Ergebnisse an der Wirklichkeit ab, überprüfen Sie sie auf mögliche Denkfehler und Informationslücken und fragen Sie sich, ob sie noch sinnvoll bleiben.
7. Gruppieren Sie die Ergebnisse in Best- und Worst-Case-Szenarien und erörtern Sie, welche Entwicklungen am wahrscheinlichsten sind.
8. Arbeiten Sie diese Szenarien zu Geschichten aus, inklusive Protagonisten, Handlungsverlauf und Schlüsselereignissen.

Das Ziel der Übung besteht darin, über die äußeren Kräfte nachzudenken, die Ihr unternehmerisches Umfeld bestimmen, und Chancen und Risiken klarer zu erkennen. Davon ausgehend können Führungskräfte die Stärken und Schwächen ihres Unternehmens in der sich verändernden Landschaft beurteilen.

Wenn Sie einen solchen Workshop durchführen, suchen Sie gezielt nach Möglichkeiten, den Austausch zu vertiefen. Besonders produktiv ist es, Kleingruppen zu bilden, die Alternativen diskutieren und einen Konsens zu den Lösungen herstellen. Dieses Verfahren bezeichnet man auch als *dialektische Ermittlung*. Ein weiterer Ansatz ist der *Advocatus diaboli*, bei dem eine Gruppe eine Vorgehensweise vorschlägt und die andere sie in allen Einzelheiten kritisch abklopft.

Auch Rollenspiele sind eine gute Möglichkeit, in simulierten Interaktionen Aktion und Reaktion durchzuspielen. Der Marketingexperte Scott Armstrong stellte fest, dass Rollenspiele umso korrektere Prognosen liefern, je näher sie an der realen Situation sind. Auch die Einbeziehung der ganzen Bandbreite der Akteure – Konkurrenten, Kunden, Aufsichtsbehörden und so weiter – trägt zur Präzision der Prognose bei.

Zusammenfassung

Geistige Beweglichkeit ist die Fähigkeit, zwischen verschiedenen Aufgaben umzuschalten, Ihre Aufmerksamkeit zu verlagern und flexibel zu denken. Es ist die Fähigkeit, zwischen Ebenen hin und her zu wechseln und zu spielen. Zwischen Ebenen umzuschalten bedeutet, eine Situation auf unterschiedlichen Analyseebenen zu betrachten und fließend zwischen diesen zu wechseln. Zu spielen bedeutet, die wichtigsten »Spiele«, die Ihr Unternehmen mit seinen Konkurrenten spielen muss, zu durchschauen und zu gewinnen. Diese beiden Fähigkeiten helfen Ihnen, Erkenntnisse zu gewinnen und Unternehmensstrategien zu entwickeln. Im nächsten Kapitel geht es um die vierte Kernkompetenz des strategischen Denkens: die strukturierte Problemlösung.

CHECKLISTE | GEISTIGE BEWEGLICHKEIT

1. Wann kommt es besonders darauf an, die Chancen und Risiken Ihres Unternehmens auf unterschiedlichen Analyseebenen zu betrachten?
2. Kennen Sie Führungspersönlichkeiten, die den Wechsel zwischen verschiedenen Ebenen besonders gut beherrschen? Was können Sie von Ihnen lernen?
3. Mit welchen Übungen können Sie Ihre Fähigkeit schulen, zwischen Ebenen umzuschalten?
4. Was sind die wichtigsten Spiele, die Ihr Unternehmen spielen muss, um mit anderen in Wettbewerb zu treten oder zu kooperieren?
5. Wie können Sie Konzepte der Spieltheorie – zum Beispiel der Vorteil des ersten Zugs, Signalisieren, Gleichgewicht, Sequenzierung und Rückwärtsinduktion – einsetzen, um bessere Strategien zu entwickeln?
6. Was haben Sie konkret vor, um Ihre Spielstärke zu verbessern, zum Beispiel durch Workshops zur Szenarioplanung?

Zur Vertiefung

Avinash K. Dixit und Barry J. Nalebuff, *Spieltheorie für Einsteiger: Strategisches Know-how für Gewinner*. Schäffer-Poeschel, 2018.

William Spaniel, *Game Theory 101: The Complete Textbook*. Selbstverlag, 2011.

Kernkompetenz 4

STRUKTURIERTE PROBLEMLÖSUNG

In den ersten drei Kapiteln haben wir die drei strategischen Kernkompetenzen kennengelernt, mit deren Hilfe Sie Chancen und Risiken erkennen und priorisieren. Mithilfe der Mustererkennung identifizieren Sie das Wesentliche. Mithilfe der Systemanalyse reduzieren Sie komplexe Sachverhalte auf vereinfachte Modelle und greifen dabei auf die Musterkennung zurück. Und mithilfe der geistigen Beweglichkeit betrachten Sie Chancen und Risiken aus unterschiedlichen Blickwinkeln und können Aktionen und Reaktionen durchspielen.

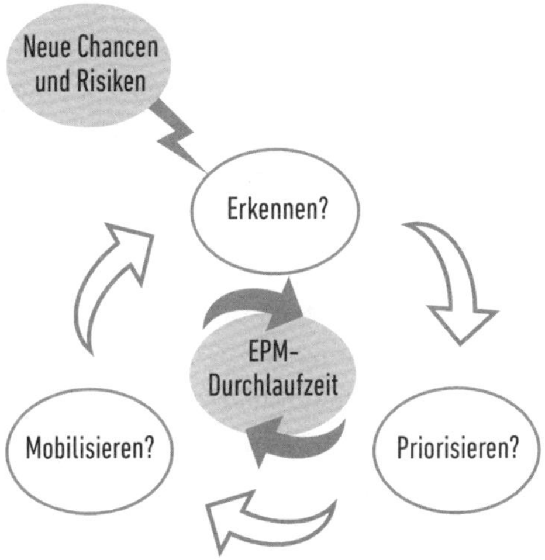

Abbildung 10: Der EPM-Zyklus aus Erkennen, Priorisieren und Mobilisieren

In den folgenden drei Kapiteln geht es um den Aspekt »Mobilisieren« des EPM-Zyklus. Die strukturierte Problemlösung ist ein nützliches Instrument, um Aufgabenstellungen systematisch anzugehen und Lösungsmöglichkeiten zu entwickeln. Mit der Vision können Sie eine wünschenswerte Zukunft entwerfen und Ihr Unternehmen motivieren, diese zu erreichen. Und mit politischem Geschick können Sie die Klippen der Innen- und Außenpolitik Ihres Unternehmens umschiffen und Bündnisse schmieden, um Lösungen umzusetzen.

Was sind Probleme und Entscheidungen?

Um besser zu verstehen, was die strukturierte Problemlösung ist, sollten wir zunächst klären, was wir unter »Problemen« und »Entscheidungsfindung« verstehen. Das Wort »Problem« hat einen negativen Beigeschmack und erinnert eher an Risiken als an Chancen. Doch beide verlangen im Grunde dieselbe Herangehensweise. Daher müssen zu unserem Verständnis von »Problemlösung« sowohl gute als auch schlechte Nachrichten gehören. »Entscheidungsfindung« ist dagegen die Vorgehensweise, mit der Sie durch Abwägungen und Anwendung von Bewertungskriterien aus einer Vielzahl von einander ausschließenden Handlungsoptionen Ihre Lösung zum anstehenden Problem auswählen. Bei der strukturierten Problemlösung handelt es sich um ein Verfahren, mit dem Sie Lösungen entwickeln, mit denen Sie Risiken neutralisieren und die Vernichtung von Werten abwenden beziehungsweise Chancen nutzen und Werte schaffen.

FRAGEN SIE SICH

Was sind die wichtigsten Probleme, zu denen Sie und Ihr Team heute Lösungen finden müssen? Welchen Ansatz wählen Sie üblicherweise, um Herausforderungen dieser Art anzupacken?

Was ist so bösartig an bösartigen Problemen?

Die Frage, was Sie zu Mittag essen, ist ein wiederkehrendes, aber niederschwelliges Problem. Bei den Herausforderungen, mit denen Ihr Unternehmen konfrontiert ist, steht meist etwas mehr auf dem Spiel. Oft handelt es sich um neuartige Probleme, die alles andere als einfach zu lösen sind. Diese Mischung aus Neuartigkeit und Komplexität hat weitreichende Auswirkungen auf den Problemlösungsprozess in Unternehmen.

Mit Routineproblemen haben Sie sich definitionsgemäß schon häufiger auseinandergesetzt. Wenn eine solche Routinefrage auftritt, werfen Sie die bewährte Problemlösungsmaschine an und verwenden nicht allzu viel Hirnschmalz und Kreativität darauf. Neuartigen Problemen können Sie jedoch mit Standardlösungen nicht beikommen. Oft ist nicht einmal klar, was genau »das Problem« ist. In diesem Fall kommt es darauf an, das Problem zunächst einmal klar zu umreißen und zu formulieren.

Doch die meisten Probleme, mit denen Unternehmen heute konfrontiert werden, sind nicht nur neuartig, sondern auch »bösartig«, also komplex und zunehmend unlösbar, weil sie sich durch eine Mischung aus Komplexität, Ungewissheit, Volatilität und Ambiguität (CUVA) auszeichnen. Sehen wir uns dies noch einmal an:

- **KOMPLEXITÄT** bedeutet, dass die Probleme eines Unternehmens in Systemen mit einer Vielzahl von Elementen und Wechselwirkungen auftreten. Es ist schwierig, Beziehungen von Ursache und Wirkung zu erkennen, die weitere Entwicklung vorherzusehen und Ansatzpunkte für unser Handeln zu erkennen. *Um komplexe Probleme zu lösen, müssen wir über die bestmöglichen Systemmodelle verfügen.*

- **UNGEWISSHEIT** bedeutet, dass wir Wahrscheinlichkeiten und Risikoabschätzungen zur Problemlösung heranziehen müssen.

Das wird umso schwieriger, wenn andere Beteiligte die Wahrscheinlichkeiten anders einschätzen oder eine andere Einstellung zum Risiko haben und daher eine andere Vorstellung davon haben, wie die beste Lösung aussehen könnte. *Um in einer Situation der Ungewissheit mit zahlreichen Beteiligten Probleme zu lösen, ist es sinnvoll, eine gemeinsame Grundlage zur Einschätzung von Lösungen herzustellen und Entscheidungen nach Wahrscheinlichkeiten und Risikobereitschaft zu treffen.*

- **VOLATILITÄT** bedeutet, dass sich das Gewicht eines Problems plötzlich ändern kann, dass ein Problem an Bedeutung gewinnen oder verlieren kann, und dass ohne Vorwarnung noch gravierendere Probleme auftreten können. *Bei großer Volatilität muss Ihr Unternehmen in der Lage sein, rasch Probleme zu erkennen und Prioritäten zu verschieben.*

- **AMBIGUITÄT** bedeutet, dass zentrale Akteure keine Einigkeit darüber herstellen können, was »das Problem« ist, oder ob es überhaupt ein Problem gibt. Es kann auch bedeuten, dass es keinen Konsens zu den möglichen Lösungen oder den Kriterien zu deren Beurteilung gibt. *Wenn Ambiguität herrscht, müssen Sie zwischen konkurrierenden Sichtweisen vermitteln und zentrale Akteure aufklären, um Einigkeit beim Verständnis des Problems und der Kriterien zur Bewertung von Lösungen herzustellen.*

Die geballte Wirkung von Komplexität, Ungewissheit, Volatilität und Ambiguität kann ein Problem unlösbar erscheinen lassen; umso wichtiger ist ein Verfahren zur strukturierten Problemlösung. Daher sollten Sie Ihre Fähigkeiten schulen, Prozesse zur Lösung von CUVA-Problemen zu führen. Wenn Sie das beherrschen, haben Sie und Ihr Unternehmen einen großen Vorteil gegenüber der Konkurrenz.

> **FRAGEN SIE SICH**
>
> Denken Sie an ein wichtiges Problem, das Ihr Unternehmen formulieren und lösen muss. Wird Ihr Problem durch Komplexität, Ungewissheit, Volatilität und Ambiguität besonders erschwert? Was bedeutet das?

Was es bedeutet, eine strukturierte Problemlösung zu führen

Versuche, Problemlösungsprozesse zu formalisieren, haben eine längere Geschichte. Schon 1910 veröffentlichte der amerikanische Philosoph John Dewey mit *Wie wir denken* ein Handbuch, in dem er das reflexive Denken in fünf Phasen einteilte: Erkennen eines Problems, Formulierung des Problems, Entwicklung eines Lösungsvorschlags, Überarbeitung des Vorschlags und Überprüfung in der Praxis.

In Unternehmenszusammenhängen ist die Problemlösung komplizierter, weshalb sie meist kollektiv angegangen wird. Außerdem verlangt die Umsetzung einer Lösung in der Regel erhebliche Ressourcen. Im Unternehmen muss die Problemlösung daher von Deweys gradlinigem Weg abweichen.

Nehmen wir an, Sie haben ein gravierendes neues Problem erkannt und ihm Priorität eingeräumt. Nun wollen Sie Ressourcen mobilisieren, um es klar zu umreißen und zu lösen. Wie können Sie dabei vorgehen? Sie können sich an den folgenden fünf Phasen orientieren – unter jeder Phase finden Sie einige Leitfragen.

PHASE 1: LEGEN SIE VERANTWORTLICHKEITEN FEST UND KOMMUNIZIEREN SIE DAS VERFAHREN

- Wer ist an der Problemlösung beteiligt und in welcher Verantwortung?
- Wie können Sie das Verfahren kommunizieren und was impliziert das?

PHASE 2: FORMULIEREN SIE DAS PROBLEM

- Wie können Sie das Problem in Form einer konkreten Frage formulieren, die sich erforschen lässt?
- Welche Kriterien wollen Sie verwenden, um die Eignung möglicher Lösungen zu beurteilen?
- Was sind absehbar die größten Hindernisse, die Sie überwinden müssen?

PHASE 3: SUCHEN SIE MÖGLICHE LÖSUNGEN

- Was müsste eine umfassende Lösung alles beinhalten?
- Wie wollen Sie an die Suche nach Lösungsmöglichkeiten herangehen?

PHASE 4: WÄHLEN SIE DIE BESTE OPTION AUS

- Was ist nach Anwendung Ihrer Bewertungskriterien die beste Option zur Lösung des Problems?
- Wie gehen Sie mit schwerwiegenden Ungewissheiten um?

PHASE 5: LEGEN SIE SICH AUF EINEN HANDLUNGSPLAN FEST

- Welche Ressourcen benötigen Sie, um Ihre Lösung umzusetzen?
- Wer tut was?

Sobald Sie ein Problem »gelöst« und sich auf eine Umsetzung festgelegt haben, stehen wahrscheinlich weitere an. Deshalb zeichne ich diesen Prozess in Abbildung 11 als Kreislauf. Mit der Lösung eines Problems ergeben sich oft neue, die gelöst werden müssen.

Das Zentrum der Grafik soll Sie daran erinnern, bei der Problemlösung beide Gehirnhälften gleichermaßen zum Einsatz zu bringen: Die linke Gehirnhälfte denkt strukturierter, die rechte kreativer. Die Kreativität kommt in allen fünf Phasen zum Tragen, doch die Struktur ist überall wesentlich.

FRAGEN SIE SICH

Inwieweit gehen Sie Ihre Problemlösung heute strukturiert an? Was sind die Stärken und Schwächen Ihres gegenwärtigen Ansatzes?

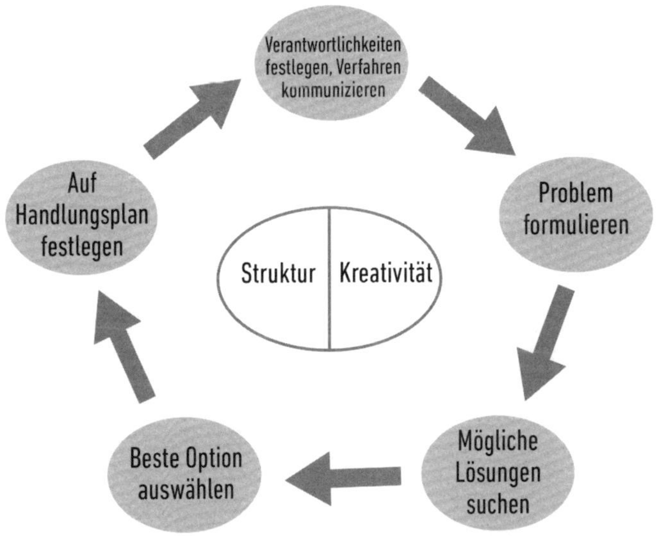

Abbildung 11: Die fünf Phasen der strukturierten Problemlösung im Unternehmen

Ein Beispiel für die strukturierte Problemlösung ist die Strategiearbeit, die Gene Woods gleich nach seinem Antritt als Vorstandsvorsitzender leistete. Woods hatte die Leitung des erfolgreichen, mittelgroßen Krankenhausbetreibers CHS übernommen. CHS verdankte seinen Erfolg unter anderem der Tatsache, dass es die Buchhaltung und andere Verwaltungsaufgaben für andere Krankenhausbetreiber der Region übernahm. Im Jahr 2016 erzielte CHS damit einen Jahresumsatz von 3 Milliarden Dollar, zusätzlich zu den 5 Milliarden Dollar aus dem eigenen Krankenhausbetrieb. Das Unternehmen wuchs und erreichte eine geografische Reichweite, die seine Verhandlungsposition gegenüber Zulieferern und Versicherern stärkte.

Woods war jedoch der Ansicht, dass das Geschäftsmodell von CHS in Gefahr war:

> Mir wurde klar, dass keine dieser Beziehungen zu einer echten Integration führen würde. Das bedeutete, dass wir eine Menge Geld liegen ließen. Außerdem trugen wir schwächere Krankenhausbetreiber mit. Paradoxerweise gab ihnen das die Möglichkeit, härter mit uns zu verhandeln, wenn die Neuverhandlung der Outsourcing-Verträge wieder anstand, wie das der Fall war, kurz nachdem ich Vorstandschef wurde … Mir wurde klar, dass wir langfristig nicht überleben würden, wenn wir nicht wachsen und uns mit anderen Systemen zusammenschließen würden.

Außerdem war Woods überzeugt, dass sich die Konsolidierung der Branche fortsetzen und vielleicht noch intensivieren würde. Er kam zu dem Schluss, dass CHS Zusammenschlüsse mit anderen Anbietern der Region anstoßen musste (also den ersten Zug machen musste), wenn es nicht von der Konkurrenz geschluckt werden wollte. Diese Erkundung von Wachstumschancen bezeichnete Woods als seine »Netzwerkstrategie der nächsten Generation«. Sein Ansatz ist auch das Gerüst für die fünf Phasen der Problemlösung in Ihrem Unternehmen.

Phase 1: Legen Sie Verantwortlichkeiten fest und kommunizieren Sie das Verfahren

Die meisten Führungskräfte müssen Ihr Team und andere Akteure in den Prozess einbinden. Das macht die Sache komplizierter, da für diese Menschen, Gruppen und Unternehmen in der Regel etwas auf dem Spiel steht und weil sie Sie bei der Formulierung und Lösung des Problems behindern oder unterstützen können. Woods musste bei der Entwicklung seiner Strategie zum Beispiel regelmäßig mit dem Aufsichtsrat Rücksprache halten. Um effektiv mit den verschiedenen Interessengruppen umgehen zu können, müssen Sie diese zunächst einmal identifizieren. Dann müssen Sie klären, inwieweit Sie diese einbinden sollten und müssen – ob Sie deren Zustimmung oder Unterstützung benötigen, oder ob Sie diese konsultieren oder informieren sollten.[1]

- **ZUSTIMMUNG**: Sie benötigen für Ihre Entscheidungen und Maßnahmen die Zustimmung bestimmter Akteure. Woods wusste zum Beispiel, dass er für den Zusammenschluss mit anderen Krankenhausbetreibern auf die Zustimmung der Wettbewerbsaufsicht angewiesen war.
- **UNTERSTÜTZUNG**: Bestimmte Akteure kontrollieren Ressourcen – Menschen, Geld, Information, Beziehungen –, die Sie benötigen. So brauchte Woods zum Beispiel vom Aufsichtsrat nicht nur grünes Licht für Zusammenschlüsse, sondern auch die Mittel für den laufenden Betrieb.
- **KONSULTATION**: Manche Akteure sollten Sie ins Boot holen, in entscheidenden Fragen zu Rate ziehen oder beides. Diese Akteure könnten später auch zu denen gehören, deren Zustimmung und Unterstützung Sie benötigen, weshalb es sinnvoll sein könnte, sie frühzeitig einzubeziehen.

- **INFORMATION**: Diese Akteure sollten Sie durch einseitige Kommunikation auf dem Laufenden halten, auch weil sie in einer späteren Phase eine wichtigere Rolle spielen könnten.

Ehe Sie sich an die Lösung des Problems machen können, müssen Sie die Verantwortlichkeiten mithilfe dieses Schemas klären. Identifizieren Sie die zentralen Akteure und ihre jeweilige Rolle in jeder Phase des kommenden Prozesses. Aktualisieren Sie im weiteren Verlauf das Schema, denn Ihr Verständnis der Interessengruppen und ihrer Verantwortlichkeiten wird sich sicherlich verändern. Aus der folgenden Matrix geht hervor, welche Akteure Woods in welcher Phase wie einbeziehen musste.

Verantwortlichkeiten in der Netzwerkstrategie von Atrium

Im nächsten Schritt müssen Sie die verschiedenen Interessengruppen über das Problem, das Sie lösen wollen, in Kenntnis setzen. Wenn Sie sie über Ihre Ziele informieren, können sie die Situation besser nachvollziehen, außerdem holen Sie sie mit diesem »regelgerechten Verfahren« ins Boot. Untersuchungen haben gezeigt, dass Menschen eher bereit sind, Ergebnisse zu akzeptieren, die nicht gänzlich ihren Interessen entsprechen, wenn sie den Eindruck haben, dass sich der Entscheidungsprozess an die gängigen Regeln hält.[2] Im Zusammenhang der strukturierten Problemlösung bedeutet dies, das Verfahren transparent zu gestalten.

FRAGEN SIE SICH

Kennen Sie aus der Vergangenheit Situationen, in denen sich die Problemlösung schwierig gestaltete, weil Sie die verschiedenen Interessengruppen nicht ausreichend einbezogen haben?

	Zustimmung	Unterstützung	Konsultation	Information
Phase 1: Festlegung von Verantwortlichkeiten und Verfahren	• Aufsichtsrat	• Aufsichtsrat • Personalleitung • Finanzvorstand • Rechtsabteilung	• Behörden	• Führungskräfte, die für die Beziehung zu anderen Systemen verantwortlich sind
Phase 2: Formulieren des Problems		• Vorstand		
Phase 3: Suche nach möglichen Lösungen		• Erweitertes Führungsteam	• Führungskräfte • Externe Berater	
Phase 4: Entscheidung für die beste Option	• Aufsichtsrat	• Erweitertes Führungsteam	• Führungskräfte • Externe Berater	• Führungskräfte, die an der Umsetzung der Strategie beteiligt sind
Phase 5: Festlegung auf einen Handlungsplan	• Aufsichtsrat	• Externe Juristen	• Führungskräfte, die an der Umsetzung der Strategie beteiligt sind	

Phase 2: Formulieren Sie das Problem

Neuartige und vor allem bösartige Probleme müssen eindeutig umrissen werden. Das könnte der wichtigste Teil des gesamten Prozesses sein. Wie Albert Einstein und Leo Infeld in ihrer *Evolution der Physik* schrieben:

> Allerdings kommt es auf die Problemstellung häufig mehr an als auf die eigentliche Lösung, die manchmal nur Sache der mathematischen und experimentellen Routine ist. Das Anschneiden

neuer Fragen, die Erschließung neuer Möglichkeiten, das Aufrollen alter Probleme von einer anderen Seite her – das sind Aufgaben für einen schöpferischen Geist, das ist der wahre wissenschaftliche Fortschritt.[3]

Ein Problem zu formulieren, bedeutet:

1. das Problem als Frage zu fassen, die nach einer Antwort verlangt;
2. die Kriterien zu klären, die zur Beurteilung der Eignung möglicher Lösungen angelegt werden;
3. die größten möglichen Hürden zu erkennen, die überwunden werden müssen.

Das klingt nach viel Vorarbeit, spart Ihnen aber später Zeit bei der Problemlösung. In ihrem ausgezeichneten Buch *Solvable* stellen Arnaud Chevallier und Albrecht Enders eine wirkungsvolle Methode zur Formulierung von Problemen vor, bei der sie sich bei der archetypischen Geschichte der Heldenreise bedienen.[4] Sie regen Führungskräfte an, sich die Lösung eines bestimmten Problems in Form der Geschichte des *Helden* zu erzählen, der sich auf die *Suche* begibt, um einen *Schatz* zu finden, und dabei einen oder mehrere *Drachen* besiegen muss.

Wer oder was sind der Held, die Reise, der Schatz und die Drachen?

- Der *Held* sind natürlich Sie, der ein wichtiges Problem im Unternehmen formuliert und löst.
- Die *Suche* ist der Grund, aus dem Sie sich auf den Weg machen, in Form einer Frage, die das Problem klar umreißt.
- Der *Schatz* ist die bestmögliche Lösung und die Vorteile, die ihre Umsetzung bringt.

- Die *Drachen* sind mögliche Hindernisse, die auf dem Weg überwunden werden müssen.

Dieses anschauliche Schema von Enders und Chevallier können Sie verwenden, um Ihr Denken zu bündeln. Es ist vor allem dann hilfreich, wenn an der Problemlösung mehrere Interessengruppen beteiligt sind. Warum? Weil es Ihnen hilft, für Akteure mit unterschiedlichen Wahrnehmungen des Problems, Vorstellungen von einer Lösung und Kriterien zu deren Beurteilung eine gemeinsame Sprache zu finden. Die Einigung auf die Natur der Suche, des Schatzes und der Drachen kann Ihnen die Arbeit mit den verschiedenen Interessengruppen sehr erleichtern.

Der erste Schritt der Formulierung des Problems besteht also darin, *die Suche in Form einer präzisen Frage zu formulieren, die das Problem auf den Punkt bringt*. Dabei ist es wichtig, das Problem einzugrenzen, um weder zu ehrgeizig noch zu unambitioniert zu sein. Wenn Sie versuchen, »das Meer zu verdunsten« oder die Sache unnötig schwierig machen, dann ist Ihr Projekt vor Vornherein zum Scheitern verurteilt. Und auf dieselbe Enttäuschung können Sie sich gefasst machen, wenn Sie herausfinden wollen, »wie viele Engel auf einer Nadelspitze tanzen können«. Der richtige Anspruch liegt irgendwo zwischen dem Ozean und der Nadelspitze.

Gehen Sie bei der Formulierung des Problems strategisch und kreativ vor. Strategisch bedeutet hier, die Interessen der Akteure in ihrer ganzen Breite zu verstehen und das Problem so zu formulieren, dass sich alle darin wiederfinden. Und kreativ zu sein, bedeutet, die bestehenden Standpunkte der Akteure zu verstehen und sie zu nutzen, um Ihr Projekt voranzubringen.

Enders und Chevallier geben ein witziges Beispiel für die Kreativität in der Problemlösung:

> Zwei Mönche wollen während ihres Gebets rauchen dürfen. Wahrscheinlich würden sie auf diese Weise mehr beten, aber gleichzeitig wären sie vermutlich weniger konzentriert bei der

Sache. Daher ist es schwer zu sagen, ob sich unterm Strich ein Vorteil ergibt. Der erste geht zum Abt seines Klosters und fragt: »Ist es in Ordnung, wenn ich während des Gebets rauche?« und erhält eine Abfuhr. Der zweite Mönch geht zum Abt und fragt: »Ist es in Ordnung, wenn ich während des Rauchens bete?« und erhält die Erlaubnis.[5]

Das demonstriert das Verhältnis zu Gewinn und Verlust, insbesondere unseren bekannten Hang zur *Verlustvermeidung*. Die kognitive Psychologie hat herausgefunden, dass es uns wichtiger ist, einen Verlust zu vermeiden als einen gleichwertigen Gewinn zu erzielen.[6] Der erste Mönch formuliert seine Frage so, dass sie einen möglichen Verlust für den Abt in den Vordergrund rückt: Rauchen während des Gebets könnte die Qualität des Gebets beeinträchtigen. Der zweite Mönch unterstreicht den potenziellen Vorteil für den Abt: Wenn er während des Rauchens beten darf, dann könnte er mehr Zeit im Gebet verbringen.

Das bringt uns zum zweiten Schritt der Formulierung des Problems: *Konkretisieren Sie die Kriterien, die Sie bei der Bewertung möglicher Lösungen anlegen wollen.* Mithilfe dieser Bewertungskriterien können Sie die folgenden Fragen beantworten:

- Was muss auf eine annehmbare Lösung des Problems (also die Bergung des Schatzes) zutreffen?
- Wie lassen sich potenzielle Lösungen miteinander vergleichen?

Dazu sollten Sie eine klare und kompakte, aber möglichst umfassende Liste Ihrer Kriterien aufstellen. Auf der Suche nach einem Restaurant für ein romantisches Abendessen sind Kriterien wie »schmeckt gut«, »ist ganz nett« oder »macht mich zufrieden« als Bewertungskriterien nicht ausreichend konkret. Benennen Sie außerdem Ihre wichtigsten Messlatten, denn zu viele Kriterien stiften nur Verwirrung. Mithilfe seiner Führungsmannschaft definierte Woods die in Abbildung 12 aufgelisteten Kriterien, die er bei der Übernahme anderer Krankenhausbetreiber anlegte.

Kriterien für ein **JA** ✓	Kriterien für ein **NEIN** ✗
☐ Es besteht die Möglichkeit, ein flächendeckendes Netz aufzubauen.	☐ Der damit verbundene Aufwand ist eine Verschwendung von Ressourcen oder eine Ablenkung.
☐ Wir können die bestehenden Infrastrukturen und Kapazitäten nutzen.	☐ Es ist eine Einmal-Aktion ohne strategischen Wert.
☐ Die Übernahme dient unserem guten Ruf.	☐ Es handelt sich um eine bloße Rettungsaktion.
☐ Unsere Kulturen stehen für die Überzeugung, dass wir »für alle« da sind.	☐ Die Kulturen passen nicht zusammen.
☐ Die Versorgung der Bevölkerung wird verbessert.	
☐ Es dient unserer Strategie der Diversifizierung.	

Abbildung 12: Woods Bewertungskriterien

Im dritten und letzten Schritt einer guten Formulierung eines Problems identifizieren Sie die Hindernisse, die Ihnen den Weg zum Schatz versperren könnten. Es hilft, sich über mögliche Hindernisse klar zu werden, bevor Sie sich auf die Suche nach Lösungen machen. Woods rechnete gleich mit drei Drachen:

1. Er musste den Mitarbeitern seines Teams helfen, sich mit Ambiguität anzufreunden und nicht vorab eine klar definierte Strategie zu erwarten.
2. Er musste den Aufsichtsrat und andere wichtige Akteure überzeugen, dass Atrium Health »anders wachsen musste, obwohl das alte Modell ein Erfolg war«.

3. Er musste seine Führungsmannschaft umbauen und neue Talente verpflichten, die er für seine neue Herangehensweise benötigte.

FRAGEN SIE SICH

Denken Sie an ein schwerwiegendes unternehmerisches Problem, das Sie lösen müssen. Ist das Problem angemessen formuliert? Würde es Ihnen helfen, es mit dem Schema von Enders und Chevallier neu zu definieren, um die unterschiedlichen Interessengruppen ins Boot zu holen?

Phase 3: Suchen Sie nach möglichen Lösungen

Es ist klug, die Suche nach Lösungen klar von ihrer Bewertung zu trennen. Warum? Weil die Suche nach Lösungen auf bösartige Probleme oft Kreativität, Raffinesse und Vision verlangt, während bei der Auswahl der besten Option kühle Analyse vonnöten ist. Die vorzeitige kritische Bewertung erstickt jedoch die Kreativität. Michael Robert bringt es auf den Punkt, wenn er schreibt: »Wenn Sie nicht konstruktiv mit abweichenden nonkonformistischen Sichtweisen umgehen, verdorren viele gute Ideen am Strauch.«[7]

Klären Sie zunächst, wie Ihre Suche aussehen soll. Am einfachsten ist es natürlich, wenn die möglichen Lösungen auf der Hand liegen. Wenn Sie schnell mal zum Mittagessen das Büro verlassen, dann kennen Sie das Stadtviertel, Sie wissen, wie viel Zeit Sie haben und welche Möglichkeiten Ihnen zur Verfügung stehen. In diesem Fall müssen Sie nicht lange nach Optionen suchen. Wenn die Optionen klar sind, können Sie die Suche überspringen und direkt zur Bewertung übergehen. Wenn nicht gerade Restaurants schließen oder neue eröffnen, können Sie sich auf die Planung konzentrieren.

Wenn Lösungen dagegen nicht auf der Hand liegen, aber sehr wahrscheinlich existieren, geht es darum, die Suche möglichst effizient zu gestalten. Sie investieren Ressourcen und suchen solange, bis Sie alle Möglichkeiten identifiziert haben. Wenn die Suche jedoch kostspielig und langwierig ist, sollten Sie eine Stoppregel definieren. Das heißt, Sie suchen so lange, bis Sie eine ausreichende Zahl von plausiblen Lösungen gefunden haben, und gehen dann zur Bewertung über. (Wenn Sie die Suche jedoch schon nach der ersten Lösung beenden, dann verstoßen Sie gegen das Gebot, Suche und Bewertung zu trennen; in Fällen, in denen Sie unter Zeitdruck stehen, kann dies allerdings gerechtfertigt sein.)

Wenn Sie keine geeigneten Lösungsmöglichkeiten finden, müssen Sie das Problem in seine Bestandteile herunterbrechen. Dazu müssen Sie Analysewerkzeuge wie die Systemanalyse (siehe Kapitel 2) und Ursachenforschung heranziehen, um die tieferen Ursachen des Problems zu erkunden, einfache Lösungen zu finden und die kniffligsten Unterprobleme zu identifizieren. Daraus können Sie dann kreative Lösungen aufbauen. Bei der Ursachenforschung brechen Sie das Problem in kleinere Einzelfragen herunter. Ein Beispiel finden Sie in Abbildung 13, die den Ursachen der Lieferverzögerungen in einer Fabrik auf den Grund geht.

Mithilfe des Diagramms können Sie die möglichen Ursachen des Problems in logische Kategorien wie Maschinen, Material und Verfahren einordnen. Auf diese Weise können Sie schnell Handlungsoptionen und neue Ansätze zur Lösung des Problems (oder der Unterprobleme wie Ausfallzeiten der Maschinen) finden. Dazu müssen Sie kreative Talente finden und motivieren. Gestalten Sie die Struktur daher nicht zu straff und versuchen Sie nicht, den Prozess zu stark zu kontrollieren. Geben Sie dem kreativen Denken Raum und Zeit, um sich zu entfalten. In seinem Fünf-Phasen-Modell zur Förderung der Kreativität unterstreicht Graham Wallas die Bedeutung der Zeit:

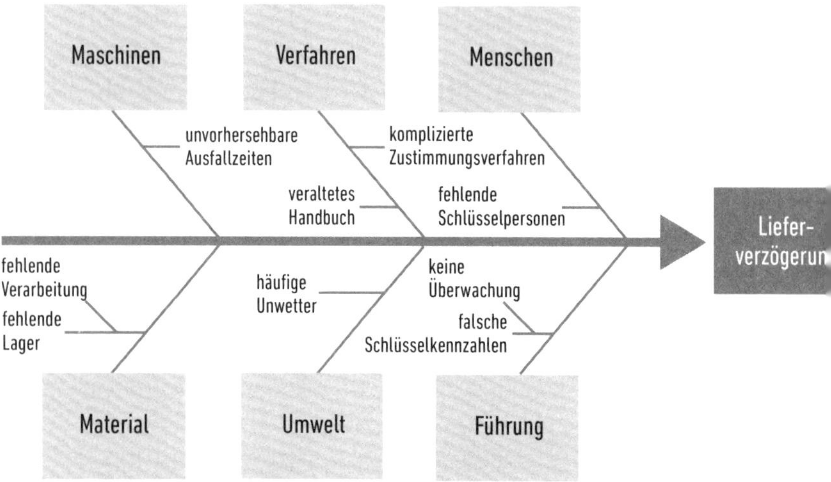

Abbildung 13: Ursachenforschung zur Diagnose von Lieferverzögerungen

1. **VORBEREITUNG**: Der kreative Geist nimmt das Problem in den Blick und erforscht seine Ausmaße.
2. **INKUBATION**: Das Problem findet Eingang ins Unterbewusste.
3. **AHNUNG**: Der kreative Geist »spürt«, dass eine Lösung auf dem Weg ist.
4. **AHA-ERLEBNIS**: Die kreative Idee bricht aus der vorbewussten Verarbeitung ins Bewusstsein durch.
5. **BESTÄTIGUNG**: Die Idee wird bewusst überprüft, ausgearbeitet und umgesetzt.[8]

FRAGEN SIE SICH

Sehen Sie sich ein umfangreiches Problem an, das Sie beschäftigt – welchen Ansatz zur Suche nach möglichen Lösungen könnten Sie verfolgen?

Phase 4: Wählen Sie die beste Option aus

Nachdem Sie die möglichen Optionen benannt haben, folgt der Schritt der strengen Bewertung und Auswahl der besten Lösung. Wenn Ihnen die Kriterien gleich wichtig sind, reicht bei der Bewertung ein einfaches »Ja« oder »Nein«. Oft müssen Sie jedoch abwägen. Um zum Beispiel zu der Auswahl eines Restaurants zurückzukommen, stellen Sie sich vor, dass Sie lediglich zwei Kriterien anlegen: Geschmack und Zeit. Nehmen wir an, italienische Gerichte schmecken Ihnen besser als mexikanische, doch im italienischen Restaurant warten Sie deutlich länger auf Ihr Mittagessen. Wie viel mehr Zeit sind Sie bereit zu investieren, um etwas zu essen, das Ihnen besser schmeckt? Fünf Minuten würden Ihnen vermutlich nichts ausmachen – aber würden Sie eine Stunde mehr hergeben? Wahrscheinlich nicht. Zwanzig Minuten? Vielleicht. Damit beginnen die Abwägungen.

Wenn Ihre Kriterien messbar sind und sich in eine gemeinsame Währung übersetzen lassen – zum Beispiel Zeit oder Geld – dann lassen sich solche Abwägungen relativ leicht vornehmen. Schwieriger wird es, wenn die Kriterien qualitativer Natur sind. In diesem Fall könnten Sie ein Punktsystem erfinden. Dazu können Sie:

- die Dimensionen definieren, nach denen Sie die verschiedenen Optionen bewerten (was Sie schon bei der Formulierung des Problems getan haben);
- in jeder Dimension die Optionen von der besten bis zur schlechtesten ordnen;
- in jeder Dimension eine Skala von 0 bis 100 erstellen (0 ist die schlechteste Bewertung, 100 die beste) und Ihre Optionen danach ordnen;
- die Dimensionen nach Ihrer Bedeutung innerhalb Ihrer Strategie gewichten, wobei die Summe aller Gewichte 1 ergeben muss (wenn Sie vier Dimensionen haben, könnten

Sie Ihnen zum Beispiel die Gewichte 0,3, 0,2, 0,4 und 0,1 zuweisen);

- und schließlich die Gesamtpunktzahl jeder Option ermitteln, indem Sie die Punkte jeder Dimension mit dem Gewicht der Dimension multiplizieren und die Ergebnisse addieren.[9]

Nehmen wir an, zur Auswahl eines Restaurants haben Sie die nachstehende Tabelle aufgestellt. Ihre Bewertungskriterien sind Geschmack, Preis, Zeit und Nährwert, und Ihre Optionen sind ein thailändisches, ein mexikanisches und ein italienisches Restaurant.

Punktesystem für die Auswahl eines Restaurants

Ehe Sie sich Ihre Gesamtsumme ansehen, gewichten Sie die vier Dimensionen Geschmack, Preis, Zeit und Nährwert und denken Sie daran, dass die Summe 1 ergeben muss. Am schwersten wiegt für Sie der Faktor Zeit, gefolgt von Geschmack und Preis, und am unwichtigsten ist Ihnen der Nährwert (auf gute Ernährung legen Sie an diesem Tag offenbar keinen besonderen Wert).

Vergeben Sie nun Ihre Punkte, wobei die Werte zwischen 0 und 100 liegen müssen. Das mexikanische Restaurant ist das preisgünstigste (100 Punkte), das thailändische folgt auf dem Fuß (90 Punkte), das italienische ist etwas teurer (70 Punkte). Beim Geschmack führt allerdings der Italiener (100 Punkte), gleich gefolgt vom Thairestaurant (90 Punkte), während der Mexikaner weniger gut abschneidet (70 Punkte).

Addieren Sie nun die Punkte. Obwohl das thailändische Restaurant in keiner der Dimensionen Ihre bevorzugte Option war, erhält es in Ihrer Auswertung die höchste Punktzahl. Warum? Weil es in allen Dimensionen, auf die es Ihnen ankommt, gut abschneidet. Das zeigt, dass sich bei einer rigorosen Abwägung eine unerwartete beste Lösung ergeben kann.

	Geschmack	Preis	Zeit	Nährwert	Gesamt
Gewichtung (Summe =1)	0,3	0,2	0,4	0,1	
Thai	90	90	85	90	88
Mexikaner	70	100	100	50	86
Italiener	100	70	40	100	78

Ehe Sie diese Analyse in Ihrer Entscheidungsfindung anwenden, sollten Sie sich jedoch ihre Grenzen klarmachen. Erstens geht der Ansatz davon aus, dass Sie Ihre Optionen linear auf einer Skala von 0 bis 100 bewerten können. In Wirklichkeit kann sie jedoch auch nicht linear sein. Nehmen wir an, Sie haben nur 30 Minuten zur Verfügung und müssen dann zu einem Termin mit einem wichtigen Kunden. Wie würde Ihre Beurteilung ausfallen, wenn Sie für Ihr Mittagessen im thailändischen Restaurant 40 Minuten veranschlagen?

Eine weitere Einschränkung ist, dass der Vergleich der Optionen summiert wird. Das heißt, der Ansatz geht davon aus, dass sich der Gesamtwert der Optionen einfach durch Addition der gewichteten Punktezahlen ermitteln lässt. Das funktioniert allerdings nur, solange keine Wechselwirkungen zwischen den Dimensionen existieren, was jedoch häufig der Fall ist.

Was nicht heißen soll, dass dieses Punktesystem nicht nützlich sein kann. Es kann Ihnen helfen, doch Sie sollten es lediglich als Orientierung begreifen. Sehen Sie sich die Ergebnisse an und fragen Sie sich: *Fühlt sich das richtig an? Haben wir die Dimensionen richtig gewichtet und den Optionen die richtige Punktzahl zugewiesen? Sind einige Dimensionen nicht linear, oder gibt es Interaktionen zwischen den Dimensionen, die wir berücksichtigen sollten?*

Es lassen sich auch komplexere Bewertungssysteme vorstellen, die Ungewissheit einbeziehen und den verschiedenen Optionen Wahrscheinlichkeiten zuweisen. Nehmen wir an, Sie können sich darauf verlassen, beim Mexikaner in zehn Minuten Ihr Essen auf dem Tisch zu haben, während es beim Thai zwischen fünf und 25 Minuten dauern kann. Wenn Sie den unterschiedlichen Wartezeiten Wahrscheinlichkeiten zuweisen, können Sie die Optionen nach Ihrem Erwartungswert beurteilen, was Ihre Bewertung rigoroser macht.

Am Besten ist es, dieses Bewertungssystem schon zu erstellen, wenn Sie das Problem formulieren, und nicht erst, wenn Sie die Bewertung vornehmen. Auf diese Weise sind Sie objektiver, weil Sie die Gewichtung und Bewertung nicht erst dann definieren, wenn Sie die Optionen bereits kennen und ein informelles Urteil über sie gefällt haben.

FRAGEN SIE SICH

Wie bewerten Sie mögliche Lösungen heute? Gehen Sie und Ihr Unternehmen mit ausreichender Strenge vor?

Phase 5: Legen Sie sich auf einen Handlungsplan fest

Ihre Lösungen für unternehmerische Probleme sind jedoch an sich noch keine »Antworten«. Vielmehr handelt es sich um Wege, auf die Sie Ihr Unternehmen festlegen. Solide Lösungen bestehen daher aus Zielen, Strategien, Plänen und der Abstellung von Ressourcen. Wenn Sie eine Lösung gefunden haben, müssen Sie zu ihrer Umsetzung oft verbindlich erhebliche Ressourcen bereitstellen. Zu den direkten Kosten, die ein bestimmter Kurs verursacht, könnten noch die Opportunitätskosten des ausgeschlagenen Kurses kommen.

Wenn Ihnen Ihr Gericht im thailändischen Restaurant nicht schmeckt, könnte Ihnen der Gedanke durch den Kopf schießen: »Ich hätte doch zum Italiener gehen sollen«, gefolgt von der raschen Beschwichtigung: »Naja, dann gehe ich halt morgen.«

Abbildung 14: In beide Richtungen durch die fünf Phasen der strukturierten Problemlösung im Unternehmen

Eine falsche Lösung für ein unternehmerisches Problem ist allerdings kostspieliger. Die gute Nachricht ist, dass sich die Wege im Laufe der weiteren Entwicklung und mit neuem Wissen oftmals noch korrigieren lassen. Der Prozess kann auch unerwartete Probleme zutage fördern, die neue Problemlösungen verlangen, sodass sich der Kreislauf fortsetzt. Gegebenenfalls müssen Sie wie in Abbildung 14 vorwärts und rückwärts durch den Prozess springen.

FRAGEN SIE SICH

Wie erfolgreich ist Ihre Organisation bei der Umsetzung von Lösungen zu komplexen Problemen?

Wie können Sie Ihre Fähigkeit zur strukturierten Problemlösung schulen?

Um Ihre Fähigkeit zur strukturierten Problemlösung zu schärfen, beginnen Sie bei den Grundprinzipien, zum Beispiel den Schritten im Prozess der Problemlösung, den in jedem Schritt benötigten Werkzeugen und Techniken, und den verbreiteten Fallstricken und Schwierigkeiten. Strukturierte Problemlösung wird mit der Praxis besser. Je mehr Sie üben, umso besser beherrschen Sie das Verfahren. Dazu können Sie zum Beispiel an einer Bandbreite von Problemen arbeiten und andere um Feedback und Orientierung bitten. Halten Sie nach Gelegenheiten Ausschau, sich an der strukturierten Problemlösung von erfahreneren Kollegen zu beteiligen.

Zusammenfassung

Strukturierte Problemlösung ist die strategische Kernkompetenz, mit deren Hilfe Sie die größten Probleme Ihres Unternehmens lösen können. Der Prozess besteht aus fünf Einzelschritten: Benennung der wichtigsten Interessengruppen, Formulierung des Problems, Suche nach möglichen Lösungen, Bewertung und Auswahl der besten Lösung und Umsetzung der Lösung. Die strukturierte Problemlösung hilft Ihnen außerdem, die unterschiedlichen Interessengruppen ins Boot zu holen. Im nächsten Kapitel geht es um Vision, eine Kernkompetenz, die Ihnen hilft, attraktive mögliche Zukunftsszenarien zu entwerfen und zu verwirklichen.

CHECKLISTE | STRUKTURIERTE PROBLEMLÖSUNG

1. Wie effektiv ist Ihr Unternehmen heute bei der Formulierung und Lösung seiner wichtigsten Probleme? Wo liegen seine Stärken und Schwächen?
2. Wie können Sie wichtige Interessengruppen schon früh in den Prozess einbinden? Würde Ihnen das Schema Zustimmung-Unterstützung-Konsultation-Informieren weiterhelfen?
3. Was können Sie tun, um Probleme effektiver zu formulieren und *Suche*, *Schatz* und *Drachen* besser zu definieren und an Ihr Team zu kommunizieren?
4. Finden Sie bei der Suche nach Lösungsmöglichkeiten ein gutes Gleichgewicht zwischen Analyse und Kreativität?
5. Gehen Sie bei der Abwägung der Optionen streng genug vor?

Zur Vertiefung

Arnaud Chevallier und Albrecht Enders, *Solvable: A Simple Solution to Complex Problems*. Pearson, 2022.

Michael A. Roberto, *The Art of Critical Decision Making*. The Teaching Company, 2013.

Amit S. Mukherjee, *Leading in the Digital World: How to Foster Creativity, Collaboration, and Inclusivity*. The MIT Press, 2020.

Kernkompetenz 5

VISION

Vision ist die Fähigkeit, sich ehrgeizige, aber realistische Varianten der Zukunft vorzustellen und Ihr Unternehmen zu mobilisieren, um sie zu erreichen. Bei der Kernkompetenz Vision geht es auch darum, Brücken zwischen der Gegenwart und einer möglichen Zukunft zu bauen. Es genügt also nicht, sich eine wünschenswerte Zukunft nur vorzustellen – Sie müssen Ihre Vision kommunizieren und Menschen um diese Vision herum mobilisieren. Dazu müssen Sie Ihre Vision mithilfe »starker Vereinfachungen« kommunizieren, um sie (und Ihre Strategien zu Ihrer Umsetzung) klar und zwingend zu vermitteln.

Was ist eine Vision?

Eine Vision ist eine überzeugende und bildhafte Vorstellung davon, wie Ihr Unternehmen aussehen und sich anfühlen wird, wenn Ihre Strategie vollständig umgesetzt wird. Eine gute Vision formuliert eine sinnvolle und attraktive Zukunft. Sie sollte eine Frage beantworten: Wie wird das Unternehmen angesichts seiner Aufgaben (der Mission), seiner Prioritäten (den Kernzielen) und seiner Zukunftserwartungen (der Strategie) aussehen, und wie werden sich die Menschen verhalten, wenn die Vision verwirklicht wird?

Ein Vorstandschef beschrieb die Vision als »Bild der Zukunft, konzentriert auf seine reinste und einfachste Form«. Ein anderer erwartet von einer Vision, dass sie beschreibend und konkret ist: »Eine Vision beschreibt, wie das Unternehmen in absehbarer Zukunft arbeiten wird, die dem Unternehmen jedoch etwas abverlangt, denn ohne Anspruch ist es keine Vision.«

Dabei muss die Vision von verwandten Konzepten wie Mission, Kernzielen und Strategie unterschieden werden. Daher sollten wir zunächst klären, was eine Vision alles *nicht* ist.

- Die Vision ist keine Mission, denn die Mission ist der Auftrag und Daseinszweck des Unternehmens und das, wofür es bekannt ist.

- Eine Vision ist keine Gruppe von Kernzielen, denn bei den Kernzielen handelt es sich um die Prioritäten, die der Mission eine Richtung geben.

- Eine Vision ist keine Strategie, denn die Strategie ist der Weg, auf dem die Mission und die Kernziele erreicht werden.

Natürlich muss die Vision Ihres Unternehmens auf seine Mission, Kernziele und Strategie abgestimmt sein. Damit etwas nachhaltige und positive Veränderung bewirken kann, muss es sinnvoll sein, weshalb Sinn, Zweck und Vision stringent aufeinander abgestimmt sein müssen. Um es mit den Worten eines des von uns befragten Vorstandschefs zu sagen: »Die Leute müssen sagen können: ›Ich sehe, wie das alles [Mission, Ziele, Strategie, Vision] zusammenpasst. Ich verstehe, wohin die Reise gehen soll.‹«

Vor allem ist es wichtig, Vision von Absicht zu unterscheiden. Wie Peter M. Senge schrieb: »Eine Vision ist etwas anderes als eine Absicht. Der Vorsatz ist eine allgemeine Richtung. Eine Vision ist ein konkretes Ziel, ein Bild der angestrebten Zukunft. Eine Absicht wäre ›Wir wollen dem Menschen die Mittel geben, das Weltall zu erforschen‹. Und eine Vision wäre ›Wir wollen bis Ende der sechziger Jahre einen Menschen zum Mond bringen‹«.[1]

Absicht und Vision gehen Hand in Hand. Wenn Ihr Unternehmen einen starken Vorsatz, aber keine konkrete Vision hat, wird es ihm schwerfallen, einen Weg durch die aufgewühlte See unserer CUVA-Welt zu finden. Selbst wenn leidenschaftliche Mitarbeiter unermüdlich auf ein Ziel hinarbeiten, sind Ihre Errungenschaften nicht von Dauer, gehen nicht weit genug oder schöpfen ihr Potenzial nicht aus. Aber wenn Sie Ihrem Unternehmen eine mitreißende Vision vermitteln, könnten Sie dem Handeln eine gemeinsame Richtung geben, Mitarbeiter auf die erwünschte Zukunft einstimmen und ihnen die Sorge angesichts der Ungewissheit unserer Welt nehmen.

Warum sind Visionen wichtig?

Leere Floskeln über die Absichten eines Unternehmens können Visionen schnell zum Klischee geraten lassen. »Lügen und Unwahrheiten« prangerte Chris Bart, ehemaliger Professor der De Groote School of Business an der McMaster University, in einem Artikel an und kam zu dem Schluss: »Die meisten Mission Statements sind nicht das Papier wert, auf dem sie gedruckt werden«.[2] Der frühere deutsche Kanzler Helmut Schmidt ging noch weiter, als er auf die Frage nach seiner großen Vision sagte: »Wer Visionen hat, sollte zum Arzt gehen«.[3]

Trotzdem sind Visionen aus dem strategischen Denken nicht wegzudenken. Troy Taylor, ehemaliger Verkaufsleiter von Johnson & Johnson, meinte: »Visionen helfen den Menschen im Unternehmen zu verstehen, wohin sie gehen sollen, was sie tun müssen, um dorthin zu gelangen, und wie das Leben aussieht, wenn sie dort ankommen.« Eine überzeugende Vision beflügelt. Sie können die beste Strategie der Welt haben – wenn Ihre Leute nicht wissen, warum Handlung nötig ist, wohin Sie gehen wollen, was erreicht werden soll und wie es erreicht werden soll, dann ist Ihre Strategie wenig wert. Visionen bieten ein klares Bild des Warum und Wohin durch Kommunikation, die auf den Punkt bringt, informiert und begeistert.

Eine gute Vision organisiert und motiviert Menschen, ein gemeinsames Ziel zu verfolgen. Visionäre Führungskräfte geben begeisternde Ziele vor, die ihrer Organisation helfen, Eigeninteresse und Grabenkämpfe hinter sich zu lassen. Die Geschichte bietet dafür viele Beispiele. Nelson Mandela war ein außergewöhnlicher politischer Führer, der mit seiner Vision eines Südafrika ohne Apartheid Gräben überwand und die Menschen hinter einer gemeinsamen Sache einte.

Visionäre können auch Unternehmen mitreißen. Eine zündende Vision zeigt Mitarbeitern, wie sie mit ihrer Arbeit zum Erfolg des Unternehmens beitragen, und bringt es in seiner Mission voran. Das kann enorme Vorteile haben. Noch besser ist es, wenn die Vision mit den persönlichen Werten der Mitarbeiter zur Deckung kommt. Untersuchungen zeigen, dass Mitarbeiter bereit sind, auf Lohnerhöhungen zu verzichten, wenn sie ihre Arbeit als sinnvoll empfinden; diese Mitarbeiter kündigen außerdem um 69 Prozent seltener und sparen ihrem Unternehmen auf diese Weise viel Geld für die Einarbeitung neuer Kräfte.[4] Eine Untersuchung unter mehr als 50 000 Arbeitnehmern zeigte, dass Mitarbeiter, die sich mit der Vision ihres Unternehmens identifizieren können, durchschnittlich 18 Prozent mehr Leistungen bringen als der Durchschnitt.[5]

Visionen helfen Ihnen außerdem, die Bündnisse zu knüpfen, auf die wir nächsten Kapitel eingehen werden. Sie ermöglichen Ihnen, persönliche Beziehungen und Netzwerke aufzubauen, die den Grundstein für Ihren Erfolg und den Ihres Teams und Unternehmens legen. Das gilt besonders für frisch ernannte Vorstandsvorsitzende, die Interessengruppen für sich gewinnen, Begeisterung für ihre Strategie wecken und frühzeitig eine neue Dynamik schaffen wollen. Visionen können daher die Risiken eines Führungswechsels verringern, vor allem bei Unternehmen, die ihren neuen Vorstand von außen holen. Diese Quereinsteiger bleiben hinter ihrem Potenzial zurück, wenn Interessengruppen skeptisch oder unzufrieden sind.

FRAGEN SIE SICH

Was ist das beste Beispiel für eine Vision, dem Sie begegnet sind? Haben Sie es erlebt, dass die Bemühungen um eine gemeinsame Vision gescheitert sind? Wenn ja, warum?

Wie entwickeln Sie eine Vision?

Eine Variante der Vision blickt in die Zukunft und argumentiert von dort aus rückwärts. Die Logik erinnert an die in Kapitel 3 erwähnte Rückwärtsinduktion der Spieltheorie: Sie blicken in die Zukunft, stellen sich einen erwünschten Zustand vor und arbeiten sich dann zur Gegenwart zurück, um festzulegen, wie Sie dorthin gelangen. Alternativ können Sie eine Bestandsaufnahme vornehmen und sich von da ausgehend mögliche Zukunftsszenarien vorstellen. Dazu prüfen Sie Ihre verfügbaren Ressourcen und stellen sich vor, was Sie damit erreichen können.[6] Was haben wir heute zur Verfügung und auf welchen unserer Qualitäten können wir aufbauen?

Aber unabhängig davon, ob Sie vorwärts oder rückwärts denken, besteht Ihr Ziel darin, Zukunftsszenarien zu entwerfen, die nicht nur ehrgeizig, sondern auch realistisch sind. Ehrgeizig zu sein ist wichtig, denn die Umsetzung einer Vision soll Ihr Unternehmen und Ihr Team zwingen, sich zu strecken. Jim Collins und Jerry I. Porras sprachen von einem »großen, zotteligen, kühnen Ziel« um zu unterstreichen, dass Vision und Ehrgeiz immer zusammengehen müssen.[7]

Ihre Vision darf aber kein unrealistisches Luftschloss sein. Die Vision, die Präsident Kennedy 1961 in seiner Antrittsrede entwarf – vor Ende des Jahrzehnts einen Menschen zum Mond zu schicken[8] – war ehrgeizig und realistisch, auch wenn das Ziel am Ende nur ganz knapp erreicht wurde (der erste Mensch betrat am 21. Juli 1969 den Mond).[9] Kennedys Beispiel unterstreicht, wie wichtig es ist, eine Vision flexibel zu gestalten und Optionen zu schaffen, für den Fall, dass ein unüberwindliches Hindernis auftaucht. Etwas Ähnliches passiert, wenn Sie das Navigationssystem Ihres Autos frustrieren. Wenn Sie eine Abzweigung verpassen, schlägt es Ihnen zunächst eine Kehrtwende vor, doch wenn Sie diesen Vorschlag ignorieren, sucht es Ihnen eine neue Route zum selben Ziel. Das ist die Kernkompetenz der Vision in Aktion.

Von der persönlichen zur gemeinsamen Vision

Um eine gemeinsame Vision zu entwerfen, benötigen Sie zuerst Ihre persönliche Vision. Können Sie sich eine klare, wünschenswerte Zukunft vorstellen, in die Sie Ihr Unternehmen führen wollen? Sie muss nicht nur erreichbar sein, sondern auch zu Ihrem Führungsstil und dem Kontext passen. Es ist oft sinnvoll, Ihre persönliche Vision mit Menschen zu testen, denen Sie vertrauen.

Es kann sinnvoll sein, Ihre Vision mit Ihren Kernzielen zu verbinden. So wird sie handlungsbezogener und greifbarer als eine Vision, die sich nur an den Leitwerten des Unternehmens orientiert. Werte wie Loyalität, Engagement, Würde oder Integrität verleihen Ihrer Vision Sinn und Ziel und tragen dazu bei, ihre Wirkung zu verstärken.

Genauso sinnvoll ist es, Ihre Vision mit bekannten Antriebskräften zu verknüpfen. Der amerikanische Psychologe David McClelland nannte als unsere wichtigste Motivation das Bedürfnis nach Erfolg (den Wunsch zu konkurrieren, bessere Leistung zu bringen oder zu gewinnen), nach Zugehörigkeit (die Identifikation mit einer Gruppe oder einem Team) und nach Macht (den Wunsch nach Status oder Kontrolle).[10] Eine Vision kann aufzeigen, wie sich durch die Strategie eines oder mehrere dieser Bedürfnisse befriedigen lassen, und Ihr Team auf diese Weise stärker motivieren. Weitere Beispiele für Antriebskräfte, die sich in einer durchdachten Vision ansprechen lassen, finden Sie in Abbildung 15.

Antriebskräfte, die eine Vision begeisternd machen:

1. Engagement für ein höheres Ziel
2. Ein sinnvoller Beitrag
3. Vertrauen und Integrität
4. Leistung
5. Zugehörigkeit
6. Selbstbestimmung

Abbildung 15: Antriebskräfte

Testen Sie die Rohfassung Ihrer Vision im Gespräch mit einer großen Bandbreite von Akteuren, damit diese sie auf Lücken oder Fehler abklopfen, und überarbeiten Sie sie dann. In diesem Prozess der Klärung und Ausarbeitung entwickelt sich Ihre Vision schließlich zu einer gemeinsamen Erfolgserzählung.

Es kann sinnvoll sein, andere an der Entstehung der Vision zu beteiligen, sei es Ihre engere Führungsmannschaft oder weitere Kreise aus dem Unternehmen. Wie Paul Culleton, ehemaliger Personaldirektor von Johnson & Johnson weiß: »Es kommt darauf an, eine einfache, aber überzeugende Vision zu finden. Wenn Sie eine visionäre Übung damit verbinden können, etwas über das Miteinander der Leute zu erfahren, dann ist das ein guter Anfang.«

Das kann sinnvoll sein, muss es aber nicht. Sie sollten es nur dann versuchen, wenn Sie auf diese Weise eine Vision entwerfen können, die Ihr Unternehmen wirklich begeistert. In einer Zeit, in der Ihr Unternehmen Arbeitsplätze streichen muss, ist das wohl eher nicht der Fall. Genauso wichtig ist die Frage, ob die Beteiligung an der Erarbeitung einer Vision die Mitarbeiter zu ihrer Umsetzung anspornt. Wenn ja, dann kann dies ein Vorteil sein, der schwerer wiegt als der mögliche Nachteil, dass Sie bei Teilen Ihrer persönlichen Vision Abstriche machen müssen.

Wenn Sie sich zur gemeinsamen Entwicklung einer Vision entschließen, dann sollten Sie darauf achten, dass die Kühnheit, die einer großen Vision innewohnt, nicht verwässert wird. Sie müssen klar machen, welche Kernelemente Ihrer Vision nicht verhandelbar sind. Darüber hinaus sollten Sie jedoch flexibel sein und auf die Vorstellungen anderer eingehen, damit diese sich die Vision zu eigen machen. Gene Woods ist ein Beispiel für die Macht der kooperativ entwickelten Vision. Statt dem Unternehmen seine persönliche Vision überzustülpen, begann er, indem er den Mitarbeitern intensiv zuhörte. Woods erklärt:

> Ich habe viel Zeit auf den Fluren verbracht und die Leute gefragt, was wir gut können, was unsere Ziele sein sollten und was uns

daran hindern könnte, sie zu erreichen. Ich habe auch mit Leuten aus dem Umfeld gesprochen, um zu hören, wie sie unsere Stärken und Chancen wahrnehmen.

Dabei begegnete Woods immer wieder denselben Themen. Zum einen waren die Mitarbeiter begierig, ihre jeweiligen Aufgaben mit dem Zweck des Unternehmens zu verknüpfen.

> Die Mitarbeiter aus den medizinischen Abteilungen wollten dazu beitragen, dass die Bevölkerung gesund bleibt, und die Menschen nicht erst dann behandeln, wenn sie krank waren. Sie wollten erzählen können, wie sie den Menschen in den schwierigsten Momenten Hoffnung vermitteln. Sie wollten bei der Behandlung landesweit führend sein.

Er fasste das Feedback zusammen und legte es den wichtigsten Akteuren vor. Das Ergebnis war ein neues Mission Statement: »Gesundheit fördern, Hoffnung bringen und Behandlung verbessern – für alle.« Das »für alle« war besonders wichtig, denn es unterstrich, dass die Krankenhäuser nicht nur für privilegierte und privatversicherte Patienten da waren, sondern auch für die Schwächsten der Gesellschaft.

Beim Mission Statement von Atrium Health – *Die erste und beste Wahl, wenn es um Gesundheit geht* – ging Woods ähnlich vor. »Das stieß auf große Zustimmung unter den Mitarbeitern und wurde so eine Art Schlachtruf«, erinnert sich Woods. »Die Mission war Ausdruck unseres Herzens, unserer Vision, unseres Denkens und unseres Elans. Die Vision brachte eine bewusste Entscheidung für Wachstum und Veränderung zum Ausdruck. Sie war die Messlatte, an der wir unseren Erfolg ablesen konnten.«

Woods' Erfahrung ist ein Beispiel für eine gute Vision, die klar und konkret ist, Sinn stiftet und Begeisterung weckt, und in enger Beziehung zu anderen richtungsgebenden Instrumenten steht, zum Beispiel der Mission. Seine Vision zeichnet ein greifbares Bild einer wünschenswerten Zukunft – eines, das mit der Mission, den Kernzielen und der Strategie des Unternehmens in Einklang steht. Vor allem bringt sie die Erwartungen der Mitarbeiter und des Unternehmens auf einen Nenner.

Wie es Brad Neilly, früherer stellvertretender Personaldirektor von Johnson & Johnson, ausdrückt: »Visionär sein heißt, ein Bild davon zu haben, wohin Ihr Unternehmen in Zukunft gehen soll. Es heißt, den Menschen ein klares Bild zu vermitteln, wie das aussieht, damit sie verstehen, wohin wir als Unternehmen gehen.«

FRAGEN SIE SICH

Erinnern Sie sich an frühere Versuche, eine gemeinsame Vision zu schaffen – was hat gut funktioniert und was nicht?

Die Macht der kraftvollen Vereinfachung

Um Menschen mitzureißen, bedienen Sie sich bei der kraftvollen Vereinfachung, um die künftige Ausrichtung Ihres Unternehmens in anschaulichen und beschwörenden Worten zu vermitteln.[11] Natürlich wissen Sie, dass Sie Menschen mit Ihrer Vision ins Boot holen müssen, doch Wissen und Tun sind oft zweierlei. Vielen neuen Vorständen fällt es schwer, Visionen zu entwerfen. Peter Tattle, ehemaliger Vertriebsdirektor bei Johnson & Johnson, merkte an: »Wenn Sie in die Unternehmensführung berufen werden, ist das oft das erste Mal, dass Sie eine derart umfassende Sicht einnehmen müssen. Sie müssen die Vision in klare und packende Worte fassen und die Leute hinter Ihre Vorstellung von der Zukunft bringen.«

Oft hilft es, Ihre Vision mit Geschichten und Metaphern zu veranschaulichen. Geschichten und Metaphern sind ein ausgezeichnetes Instrument, um die anstehenden Chancen und Risiken zu kommunizieren und die Strategien zu vermitteln, mit denen Sie diesen begegnen wollen. In *Die Zukunft der Vorbilder* schreibt der Psychologe Howard Gardner: »Führungskräfte verdanken Ihre Effektivität in erster Linie den Geschichten, die sie erzählen … Aber sie erzählen die Geschichten nicht nur, sondern sie verkörpern sie auch und leben sie vor.«[12] Ein Beispiel ist diese Vision einer Augenklinik: »Sehen für das ganze Leben«. Dieser Satz bringt zum Ausdruck, dass sich das Sehen über das ganze Leben hinweg verändert, und stellt eine enge Beziehung zwischen dem Unternehmen und dem Leben der Patienten her.

Geschichten bieten Führungskräften eine gute Möglichkeit, andere zu beeinflussen und zu begeistern. Sie stellen eine Beziehung her und schaffen auf eine Weise Vertrautheit und Vertrauen, wie Daten es nicht können. Außerdem bleiben Geschichten im Gedächtnis haften. An die Informationen aus Geschichten erinnern wir uns länger und eindrücklicher als an Informationen aus Tabellen und Grafiken. Deshalb schreibt Kendall Haven: »Mit jeder Ihrer Aussagen haben Sie die Absicht, Ihr Publikum zu beeinflussen (und seine Meinungen, Überzeugungen, Wissen und Verhaltensweisen zu verändern). Mit Information allein erreichen Sie das in den seltensten Fällen. Wissenschaftliche Erkenntnisse zeigen, dass gut erzählte Geschichten das beste Einflussinstrument sind.«[13]

Die besten Geschichten sind konzentrierte Lektionen – Fehler und Irrtümer sind immer ausgezeichneter Erzählstoff – und bieten Vorbilder für das Verhalten, das Sie für wünschenswert halten. Visionen können auch auf die frühere Mythologie des Unternehmens zurückgreifen, die besten Elemente aufnehmen und sie mit dem verweben, was aus dem Unternehmen werden soll. Das ist nicht nur bei der Vermittlung Ihrer Vision hilfreich, sondern auch bei der Definition der Strategie und anderer wesentlicher Elemente, mit denen Sie die Richtung Ihres Unternehmens festlegen.

Für Ihre Geschichte können Sie eines von fünf archetypischen Erzählmodellen verwenden: *Liebe* (stellen wir uns vor, das Unternehmen hat sich in sein Produkt verliebt und will seine Leidenschaft kommunizieren), *Erlösung* (das Unternehmen macht eine schwere Zeit durch und will sich erholen), von *Armut zu Reichtum* (das Unternehmen ist ein Underdog und hat einen steinigen Weg vor sich), *Fremder in einem fremden Land* (das Unternehmen könnte ein neues Produkt auf den Markt bringen) und *Heiliger Gral* (Sie haben das ehrgeizige Ziel, einer tiefen Berufung zu folgen).[14]

Nehmen wir die Vision von CHS »Gesundheit fördern, Hoffnung bringen und Behandlung verbessern – für alle.« Dieser Vision liegt das Erzählmodell der Liebesgeschichte zugrunde, denn sie will den Patienten auf höchster Ebene dienen.

Auch das Stilmittel der Wiederholung macht Kommunikation überzeugender; Erkenntnisse der Sozialpsychologie zeigen, dass allein die Wiederholung eines Reizes die positiven Gefühle ihm gegenüber verstärkt. Das bezeichnet man als »Mere-Exposure-Effekt«.[15] Die Forschung zeigt auch, dass es hilfreich sein kann, Ihre Botschaft in unterschiedlichen Medien zu kommunizieren – Ansprache, Brief oder Video –, um sie zu vertiefen. Der »Erfahrungspyramide« des Bildungsforschers Edgar Dale zufolge erinnern wir uns an nur 10 Prozent von etwas, das wir gelesen haben, 20 Prozent des Gehörten und 30 Prozent des Gesehenen. Die Erinnerung steigt auf 50 Prozent, wenn wir etwas gleichzeitig sehen und hören (zum Beispiel im Video) und auf 70 Prozent, wenn wir etwas sagen und schreiben (wenn wir etwa an einer Diskussion teilnehmen und uns Notizen machen). Und in Simulationen, in denen wir sprechen und handeln, steigt sie sogar auf 90 Prozent.[16] Deshalb fordert Paul Culleton: »Ihre Vision muss sich auf überzeugende Bilder stützen, nicht auf Worte.«

Ein weiteres Element der Vision sind sinnträchtige Beschreibungen – Aussagen, die Kernwerte anschaulich machen. Statt nur einen Wunsch oder ein Ziel zum Ausdruck zu bringen, lassen diese Botschaften im Geist des Empfängers ein Bild entstehen. Die Vision der Fastfood-Kette McDonald's enthält gleich mehrere dieser sinnträchtigen Beschreibungen: »Im Mittelpunkt unserer Strategie stehen großartige Restaurants, die Stärkung unserer Mitarbeiter und das Ziel, die Probleme unserer Kunden und Mitarbeiter schneller, innovativer und effektiver zu lösen.«[17]

Achten Sie bei der Formulierung Ihrer Vision darauf, wie die Aussage aufgebaut sein soll (Struktur, Informationsfluss) und wie sie sich anfühlt (welches Verhalten sie verlangt und welche Bedürfnisse sie befriedigt). Wenn man sich die faden Visionen vieler Unternehmen ansieht, kommt man nicht umhin festzustellen, dass es Führungskräften schwerfällt, ihre Beschreibungen ausreichend konkret zu gestalten. Eine starke Vision muss im Kopf ein packendes Bild entstehen lassen.

Natürlich können Sie als Führungskraft nicht direkt mit sämtlichen Mitarbeitern kommunizieren. Daher müssen Sie aus der Ferne überzeugen. Indem Sie Menschen gewinnen, die von dem überzeugt sind, was sie tun, können Sie Identifikation und Begeisterung stiften.

Dazu müssen Sie dem Unternehmen die richtigen Signale geben und die Veränderungen verkörpern, die Sie herbeiführen wollen. Dabei geht es nicht nur darum, ein bestimmtes Verhalten vorzuleben, sondern auch darum, jeden Tag Entscheidungen zu treffen, die Ihre Vision voranbringen. Dazu müssen Sie ausreichende Ressourcen für die Verwirklichung Ihrer Ideen bereitstellen, und zwar nicht nur in Form von Geld, sondern auch in Form von Menschen, die Ihre Vision umsetzen und messbare Ziele vorgeben, mit denen sich der Fortschritt messen lässt.

Auch mithilfe von schriftlichen Strategien, Bonuszahlungen, Messsystemen und Jahresbudgets können Sie das Verhalten Ihres Unternehmens beeinflussen. Sie »schieben« die Menschen in die richtige Richtung, indem Sie Erwartungen vorgeben und Anreize definieren. Der Erfolg dieser Instrumente basiert also auf Autorität, Loyalität und der Erwartung von Belohnungen. Diese Instrumente sind besonders dann nützlich, wenn die Vision eine Leistungssteigerung oder einen Umbau der Unternehmenskultur verlangt.

Sie müssen Ihre Mitarbeiter jedoch auch »mitnehmen«, indem Sie einen attraktiven künftigen Zustand definieren, der sie motiviert, sich selbst zu verändern. Das geschieht nur dann, wenn die Mitarbeiter überzeugt sind, dass das neue Betriebssystem ihren Bedürfnissen besser entspricht als das bestehende – etwa, weil es weniger Frustration erzeugt und weniger Energie vergeudet, oder weil es bessere Aufstiegschancen bietet. Dieses »Mitnehmen« kann verschiedene Formen annehmen. Auf der untersten Ebene bedeutet es, aktiv zuzuhören und Feedback zu geben, das die Beziehungen stärkt. Auf der Ebene des Teams bedeutet es, eine persönliche Vision zu formulieren und zu kommunizieren, um eine kritische Masse von Mitarbeitern zu motivieren.

»Anschieben« und »Mitnehmen« ergänzen einander. Für sich genommen reicht keiner der beiden Ansätze aus, um bestehende Gewohnheiten und Verhaltensweisen zu verändern und einen Wandel zu bewirken.[18] Die meisten Führungskräfte beherrschen das eine besser als das andere. Um beides zu stärken, sollten Sie sich darum bemühen, die Präferenzen Ihrer Mitarbeiter zu verstehen und Wege finden, Ihre Fähigkeiten auf dem schwächeren Gebiet zu stärken. Außerdem sollten Sie sich mit Menschen umgeben, die Ihre kommunikativen Fähigkeiten ergänzen.

Es ist entscheidend, das ganze Unternehmen in Ihre Pläne einzubeziehen, denn auf diese Weise vermeiden Sie unerwünschte Spekulationen. Der Flurfunk füllt jede Informationslücke, und die Gerüchteküche verzerrt Ihre Botschaft. Sie müssen die Kontrolle über die Erzählung behalten. Um Ihre Vision zu vermitteln, kann ein Newsletter für die Mitarbeiter oder ein Beitrag in der Mitarbeiterzeitschrift schon ausreichen. Manche Führungskräfte arbeiten gern mit Vision-Boards, um ihre Ziele bildhaft zu machen. Diese haben in der Regel die Größe eines Plakats und kommunizieren ihre Botschaft in Bild und Text.

Neue Vorstandschefs halten oft Ansprachen, in denen sie frühzeitig ihre Vision skizzieren. Alison Rose hielt an ihrem ersten Tag als Vorstandschefin der NatWestGroup im Jahr 2019 eine Ansprache, um ihre Vorstellungen von der Zukunft der Bank zu vermitteln und die Mitarbeiter auf das vorzubereiten, was sie erwartete. Unter anderem verlangte sie, neugierig zu bleiben und in neue Fähigkeiten zu investieren, um eine lernende Kultur zu schaffen.[19] Mithilfe der Technik lassen sich unternehmerische Erzählungen eindringlicher und einnehmender gestalten. Amanda Blanc, Vorstandschefin des Versicherungskonzerns Aviva, verschickt zusätzlich zu den Quartalsberichten regelmäßig Videoansprachen, in denen sie ihre Ziele für das Unternehmen skizziert und untermauert, zum Beispiel die Verbesserung des Kundendienstes oder ein Bekenntnis zu Höchstleistung und Finanzdisziplin. »Wir werden gewinnen«, sagte Blanc 2020.[20] Vergessen Sie dabei nicht, dass Führungskräfte Menschen besser beeinflussen, wenn Sie Respekt genießen und als vertrauenswürdig und urteilssicher wahrgenommen werden.[21]

Die Grenzen der Vision und wie Sie sie überwinden

Sie sollten unter allen Umständen vermeiden, dass Ihre Vision bei den verschiedenen Akteuren als großspurig oder unrealistisch ankommt. Ein warnendes Beispiel ist der Niedergang von Bombardier, dem einst mächtigen Flugzeugbauer aus Kanada. Bombardier begann in den 1930er Jahren mit dem Bau von Schneemobilen.[22] In den 1990er Jahren entwarf es die Vision, zu den weltweit führenden Flugzeugherstellern aufzuschließen, und expandierte durch die Übernahme von De Havilland und Learjet. Im Jahr 2005 setzte der langjährige Vorstandschef Laurent Beaudoin auf die Passagierflugzeuge der CSeries, um dem Wachstum des Unternehmens neue Flügel zu verleihen. Beaudoins Vision war, Bombardier zu einem der führenden Flugzeugbauer der Welt zu machen. Dazu nahm Bombardier erhebliche Schulden auf, doch das Projekt litt unter Verteuerungen und Verzögerungen.[23]

Die ersten Passagierflugzeuge wurden im Juli 2016 mit achtzehn Monaten Verspätung ausgeliefert. Der letzte Nagel zum

Sarg war jedoch, dass Beaudoin die Reaktion der Konkurrenz unterschätzt hatte. Die CSeries sollte mit dem Airbus 320 konkurrieren, doch Airbus entschied, seine Preise zu senken, um den Konkurrenzkampf aufzunehmen.[24] Die Folge waren schleppende Verkäufe und unhaltbare Verluste, und das Ende vom Lied war, dass Bombardier seine großen Pläne aufgeben musste.[25] Im Jahr 2017 verkaufte Bombardier die Mehrheit der CSeries zu einem symbolischen Preis von einem Dollar an Airbus, das daraus den A220 machte.[26] Im Jahr 2020 musste der neue Vorstandsvorsitzende Alain Bellemare seinen Hut nehmen. Die Lektion: Führungskräfte dürfen sich nicht auf eine unrealistische Vision festlegen. Es mag wünschenswert sein, selbstbewusst kühne Visionen zu entwerfen, doch die Vision darf sich nicht als Luftblase herausstellen.

FRAGEN SIE SICH

Fallen Ihnen Manager ein, die unrealistische oder großspurige Visionen verkündeten? Was war das Ergebnis?

Wie Sie Ihre visionären Fähigkeiten schulen

Sie können Ihre Visionen verbessern, und zwar durch gezielte Beobachtung, Visualisierungen und Klärung. Eine Technik zur Schulung Ihrer visionären Fähigkeiten ist die *Architektenübung*. Nehmen Sie sich jedes Mal, wenn Sie ein neues Wohn- oder Bürogebäude betreten, ein paar Minuten Zeit, um sich zu überlegen, wie Sie den Raum verändern können, um ihn attraktiver oder besucherfreundlicher zu gestalten. Halten Sie Ihre Beobachtungen schriftlich fest, um später weiter darüber nachdenken zu können. Halten Sie auch die Gedanken zu Ihrem Unternehmen in einem Notizbuch fest und entwickeln Sie daraus Ideen für weitere Konzepte.

Hilfreich ist auch ein Visions-Workshop in ansprechender Umgebung, in dem Sie und Ihr Team gemeinsam die Zukunft Ihres Unternehmens entwerfen. In solchen Workshops verwendet das Team Mustererkennung (siehe Kapitel 1), um die Konkurrenz-, Gesetzes- und Finanzlandschaft der Zukunft zu deuten. Durch Systemanalyse und Szenarienplanung (siehe Kapitel 2 und 3) können Sie ermitteln, wie Ihr Unternehmen die wichtigsten Probleme formuliert und löst (siehe Kapitel 4). Und schließlich können Sie im Team die ehrgeizige, aber realistische Vision formulieren, die Sie verwirklichen wollen.

Dazu können Sie die Teilnehmer in Kleingruppen einteilen, in denen jeder die Szene beschreibt, wie er sie sich vorstellt. Die Gruppen stellen diese Bilder zusammen und präsentiert sie dann vor dem versammelten Workshop. Auf diese Weise können Sie Ihr Denken klären und bekommen eine Vorstellung davon, welches Maß an Veränderungen Ihre Führungsmannschaft akzeptieren würde. Das kann Ihnen dabei helfen, eine gemeinsame Zukunftsvision zu entwickeln und die Kontrolle über den Visionsprozess zu behalten. Der Nachteil an diesen Workshops ist, dass ausschließlich der Vorstand beteiligt ist und Mitarbeiter außen vor bleiben könnten. Die Einbeziehung anderer kann das Engagement stärken, doch einige Führungskräfte könnten zögern, über unfertige Visionen zu sprechen.

Zusammenfassung

Vision ist ein Prozess, in dem Sie ein überzeugendes Bild der Zukunft entwerfen und andere anleiten und motivieren, diese Vision Wirklichkeit werden zu lassen. Eine Vision ist ein begeisterndes Bild dessen, was aus dem Unternehmen werden könnte. Sie vermittelt dem Unternehmen und seinen Mitarbeitern Orientierung und Sinn. Visionen vermitteln Sie am Besten durch kraftvolle Vereinfachung und Erzählungen, die Strategien, Maßnahmen und Handlungen mit der Vision in Einklang bringen. Im nächsten Kapitel geht es um die sechste und letzte Kernkompetenz des strategischen Denkens: politisches Geschick.

CHECKLISTE | VISION

1. Wie wichtig ist es, dass Sie eine gemeinsame Vision für Ihr Unternehmen entwerfen?
2. Wollen Sie Ihre Vision durch Vorwärtsblicken und Rückwärtsdenken, durch Bestandsaufnahme und Vorstellung von Möglichkeiten oder beides entwickeln?
3. Wie können Sie Ihre visionären Fähigkeiten schulen?
4. Wie können Sie Ihre Fähigkeit zur einfachen und kraftvollen Kommunikation schärfen?

Zur Vertiefung

Jim Collins und Jerry I. Porras, *Immer erfolgreich: Die Strategien der Topunternehmen*. DVA, 2003.

Simon Sinek, *Frag immer erst: warum: Wie Top-Firmen und Führungskräfte zum Erfolg inspirieren*. Redline, 2014.

Simon Sinek: »How Great Leaders Inspire Action«. TED Talk. www.ted.com/talks/simon_sinek_how_great_leaders_inspire_action.

Kernkompetenz 6

POLITISCHES GESCHICK

Politisches Geschick ist die Fähigkeit, durch die politische Landschaft des Unternehmens zu manövrieren und diese in Ihrem Sinne zu beeinflussen. Dazu müssen Sie die Wahrheit hinter Machtdynamiken durchschauen, die Motive und Interessen der unterschiedlichen Akteure verstehen und um die möglichen Implikationen verschiedener Vorgehensweisen wissen. Politisches Geschick ist ein wesentliches Element des strategischen Denkens von Managern und gestattet ihnen, effektiv durch alle politischen Gewässer zu segeln und ihre Ziele zu erreichen. Es handelt sich um eine Mischung aus Wissen, Fähigkeiten und Einstellungen und verlangt ein gründliches Verständnis ihres Unternehmens, seiner Ressourcen und seiner Kultur sowie des politischen Umfelds.

Je höher Sie in der Hierarchie des Unternehmens aufsteigen, umso politischer wird Ihre Arbeit. Das liegt erstens daran, dass Manager intelligente und ehrgeizige Menschen sind. Sie haben *Agendas* – sowohl unternehmerische als auch persönliche –, die Sie vorantreiben. Zweitens sind die Probleme, die auf dieser Ebene anstehen, tendenziell weniger eindeutig, das heißt, es gibt selten die eine »richtige« Antwort, weshalb das Vorgehen immer Gegenstand von Diskussionen ist. Die Mischung aus Ambition und Ambiguität hat zur Folge, dass bei Entscheidungen auf dieser Ebene die Politik eine wichtige Rolle spielt. Um Ihre Ziele zu verwirklichen, müssen Sie strategisch vorgehen und im Unternehmen Bündnisse suchen.

Außerdem müssen Sie das politische Umfeld, in dem Ihr Unternehmen operiert, vorausschauend gestalten. Das heißt, Sie müssen wichtige Beziehungen zu Kunden, Zulieferern und anderen relevanten Akteuren der Wertschöpfungskette knüpfen und erhalten. Sie müssen Verbündete suchen, um Einfluss auf mächtige Institutionen zu nehmen, die die Spielregeln vorgeben, seien es staatliche Behörden, Nichtregierungsorganisationen, Medien oder Investoren.

Bei dem Versuch, Einfluss auf die Spielregeln zu nehmen, können Sie sich selbst als unternehmerischer Diplomat begreifen.[1] Internationale Diplomaten wahren die Interessen Ihrer Nation, indem Sie Beziehungen knüpfen, Bündnisse schmieden und Vereinbarungen aushandeln. Als unternehmerischer Diplomat müssen Sie ähnlich vorgehen, um die Interessen Ihres Unternehmens zu wahren.

Um Ihr politisches Geschick zu schulen, müssen Sie lernen, politische Systeme zu analysieren und Strategien zu entwickeln, um Ihre strategischen Ziele innen und außen voranzutreiben. Ob Ihnen dies gelingt oder nicht, hängt in erster Linie von Ihrer Bereitschaft ab, das politische Spiel mitzuspielen und seine Logik zu durchschauen. Sie müssen lernen, die politische Landschaft einzuschätzen und Ihre Erkenntnisse zu nutzen, um Menschen in Ihrem Sinne zu beeinflussen. Zu den politischen Instrumenten, mit denen Sie andere ins Boot holen können, gehören unter anderem der in Kapitel 4 angesprochene regelgerechte Entscheidungsprozess sowie die im vorigen Kapitel erörterte überzeugende Vision.

Politisches Geschick verstehen und nutzen

Das folgende Beispiel zeigt, wie gefährlich es für Sie werden kann, wenn Sie das politisches System eines Unternehmens meiden und dessen Logik nicht verstehen. Nach vier Monaten auf ihrer neuen Stelle bei Van Horn Foods, einem internationalen Lebensmittelhersteller, war Alina Nowak (Name geändert) zutiefst frustriert von der bürokratischen Politik der Unternehmenszentrale. Als erfolgreiche Vertriebsmanagerin war Nowak in die obersten Führungsebenen von Van Horn aufgestiegen und als leitende Direktorin in die Zentrale ihres Heimatlands Polen entsandt worden. Sie war eine ehrgeizige, ergebnisorientierte Managerin und führte ihren neuen Zuständigkeitsbereich zu eindrucksvollen Wachstumszahlen.

Nach diesem Erfolg wurde sie auf den Balkan entsandt, um dort die bislang wenig erfolgreichen Geschäfte in Gang zu bringen. Auch in diesem komplexen multinationalen Umfeld war sie erfolgreich, nach nur zweieinhalb Jahren befand sich die Region auf dem besten Weg zu nachhaltigen zweistelligen Wachstumszahlen. Die Unternehmensleitung von Van Horn erkannte Nowaks Potenzial und wollte sie auf höhere Aufgaben vorbereiten. Also ernannte sie Nowak zur Vizepräsidentin für Marketing in Europa, dem Nahen Osten und Afrika (ENOA). Zu ihren neuen Aufgaben gehörten die Marketingstrategie, Markenpolitik und Produktentwicklung in dieser Region.

Van Horn hat eine Matrixstruktur. Nowak unterstand Marjorie Aaron, der leitenden Vizepräsidentin für Unternehmensmarketing in der Konzernzentrale in Chicago. Außerdem berichtete sie an ihren früheren Vorgesetzten Harald Eisenberg, den internationalen Vizepräsidenten der Region ENOA, dem alle Ländermanager der Region unterstanden.

Nowak machte sich voller Elan an die Arbeit und führte Einzelgespräche mit den Ländermanagern ihrer Region sowie ihrem früheren Vorgesetzten. Ausgehend von diesen Unterredungen und ihren früheren Erfahrungen erkannte sie die Spannungen zwischen zentralen und dezentralen Entscheidungen der Produktentwicklung als vordringliches Problem. Inwieweit sollte das Unternehmen zum Beispiel in der gesamten Region einheitliche Produktformeln und Verpackungen vorgeben, und welche Zugeständnisse sollte es an regionale Vorlieben machen?

In einer Präsentation stellte Nowak ihre ersten Ergebnisse und Verbesserungsvorschläge zusammen. Unter anderem schlug sie vor, auf einigen Gebieten die Zentralisierung zu verstärken (zum Beispiel hinsichtlich der Markenidentität und Positionierung) und auf anderen Gebieten den Ländermanagern mehr Freiräume zu geben (zum Beispiel bei Abweichungen von der Rezeptur). Dann hielt sie eine Telefonkonferenz mit Aaron und Eisenberg ab, die ihr aufmerksam zuhörten und ihren Ansatz offenbar nachvollziehen konnten. Sie wiesen sie an, sich mit denjenigen Akteuren kurzzuschließen, die in erster Linie von den Veränderungen betroffen waren – Van Horns Produktentwickler und die Marketingmanager in den Vereinigten Staaten sowie die Ländermanager.

Also hielt sie Zoom-Konferenzen mit David Wallace (dem leitenden Vizepräsidenten der Produktentwicklung in den Vereinigten Staaten) und seinen Mitarbeitern sowie mit dem Marketingteam in den Vereinigten Staaten ab. Dann flog sie nach Chicago, um dort ihre Ideen vor rund dreißig Managern aus Produktentwicklung und Marketing zu präsentieren. Sie hatten viele Vorschläge, die überwiegend auf eine Zentralisierung der Entscheidungen hinausliefen.

Während der Präsentation schloss Nowak aus der Körpersprache und den Kommentaren der Anwesenden, dass zwischen Produktentwicklung und Marketing erhebliche Spannungen bestanden. »Das ist ein politisches Minenfeld«, dachte sie sich. Nach der Präsentation hatte sie mehr Verständnis für ihren Vorgänger, mit dem sie als Ländermanagerin häufiger Reibungen hatte.

Auch ihr Gespräch mit den Ländermanagern der Region ENOA verlief nicht sonderlich erfreulich. Die früheren Kollegen hatten zwar ein offenes Ohr für ihre Vorschläge für mehr Flexibilität. Doch sobald Nowak auf Aspekte zu sprechen kam, in denen sie Autonomie abgeben sollten, kam Widerstand auf. Ein unter seinen Kollegen besonders respektierter Ländermanager namens Rolf Eiklid meinte, die zusätzlichen Spielräume in einigen Bereichen seien keine Entschädigung für das, was sie aufgeben sollten. Da Ländermanager Bilanzverantwortung hatten und über erhebliche Handlungsfreiheit bei der Verteilung von Ressourcen verfügten, wusste Nowak, dass sie nicht gezwungen werden konnten, die Veränderungen umzusetzen. Am Ende fragte sie sich, ob sie die Geduld und das politische Geschick mitbrachte, die ihr neuer Aufgabenbereich verlangten.

Nowak ist ein klassisches Beispiel für eine Führungskraft, die in eine Position aufsteigt, in der sie sich bei der Durchsetzung ihrer Vorstellungen nicht mehr auf die Autorität ihrer Position stützen kann. Um ihre Pläne umsetzen zu können, musste sie umschalten, unternehmenspolitisch denken und durch Einfluss führen, nicht durch Autorität. Dazu musste sie sich die Notwendigkeit klarmachen, ihr Unternehmen durch die politische Brille zu sehen. Das fällt vielen Führungskräften schwer. Wenn Sie keinen Spaß an der Politik haben, dann müssen Sie das überwinden. Wenn es Ihnen hilft, stellen Sie sich vor, dass Ihre Arbeit nun darin besteht, Bündnisse zu knüpfen, um Ihre Ziele zu erreichen.

Was bedeutet es, im Unternehmenskontext politisch zu denken? Zunächst einmal müssen Sie Ihr Unternehmen (und dessen Umfeld) als eine Ansammlung von mächtigen Akteuren begreifen, die jeweils eigene *Absichten* verfolgen – eine Mischung aus unternehmerischen und persönlichen Zielen, die sie verwirklichen wollen. Wie wir in Kapitel 2 gesehen haben, handelt sich bei Unternehmen um Systeme mit Strukturen und Verfahren, die einen Einfluss darauf haben, was erreicht werden kann und was nicht. Doch das Aufeinandertreffen von ambitionierten Menschen und uneindeutigen Problemen hat zur Folge, dass an der Unternehmensspitze (und außerhalb) viele der wichtigen Entscheidungen getroffen werden, weil sie von einem erfolgreichen Bündnis von Entscheidern unterstützt werden, beziehungsweise nicht getroffen werden, weil sie von einem mächtigen Bündnis blockiert werden.[2]

Um Ihre Ziele zu erreichen, müssen Sie erkennen, welches Bündnis Erfolg haben könnte – also welche Menschen gemeinsam die Macht haben, Ihre Absichten zu unterstützen – und sich Gedanken machen, wie Sie dieses Bündnis schmieden können. Nowak benötigte die Zustimmung von Aaron und Wallace in der Konzernzentrale und von Eisenberg in der Region ENOA – das war das Bündnis, das sie schmieden musste.

Denken Sie auch an mögliche blockierende Bündnisse – also Menschen, die gemeinsam die Macht haben, etwas zu verhindern – und machen Sie sich Gedanken darüber, wie Sie solche Allianzen verhindern können. Wer könnte sich zusammentun, um Ihre Absichten zu durchkreuzen, und warum? Wie könnten sie versuchen, sich Ihnen in den Weg zu stellen? Wenn Sie verstehen, woher der Widerstand kommen kann, können Sie ihn neutralisieren. In Nowaks Fall gab es potenzielle Blockierer in der Zentrale und unter den Ländermanagern.

Sie sollten sich auch klarmachen, dass Bündnisse etwas anderes sind als Beziehungen. Das soll auf keinen Fall heißen, dass Beziehungen nicht wertvoll sind. Doch sie sind nicht die einzige Grundlage für ein Bündnis, denn Sie müssen außerdem die politischen Absichten anderer verstehen und wissen, inwieweit sie mit den Ihren zur Deckung kommen oder nicht. Zu manchen Menschen können Sie eine enge Beziehung haben, aber sie können andere Ziele verfolgen. Und zu anderen können Sie eine neutrale bis schlechte Beziehung haben, sich aber mit ihnen verbünden, weil sie ähnliche Absichten haben und Sie einander unterstützen können.

Formulieren Sie Ihre Einflussziele

Zur Entwicklung Ihrer Einflussstrategie sollten Sie sich als erstes klarmachen, wozu Sie die Unterstützung anderer benötigen. Nowaks Ziel bestand darin, die Marketing-Kompetenzen in der ENOA-Region mit ihren alten und neuen Vorgesetzten neu auszuhandeln. Der Status quo war ein Kompromiss zwischen beiden Seiten, der schon seit längerer Zeit Bestand hatte. Auf den ersten Blick schienen Veränderungen für jede Seite mit Verlusten einherzugehen. Daher musste eine Einigung, wenn es denn überhaupt zu einer Verhandlung kam, ein neuer Kompromiss sein, den alle mittragen konnten.

FRAGEN SIE SICH

Haben Sie ein Problem, bei dem es um unternehmenspolitischen Einfluss geht? Würde es Ihnen helfen, es systematisch zu durchdenken? Wenn ja, nehmen Sie sich einige Minuten, um es schriftlich zusammenzufassen.

Verstehen Sie die wichtigsten Entscheider

Wenn Sie geklärt haben, was genau Sie erreichen wollen, können Sie sich auf die Frage konzentrieren, wessen Unterstützung Sie benötigen und wie Sie diese bekommen. Identifizieren Sie zunächst die Bündnisse, die Sie eingehen müssen, um Ihre Ziele zu erreichen. Inwieweit benötigen Sie die Unterstützung anderer, über die Sie keine Autorität haben?

Sie müssen herausfinden, ob Zugeständnisse oder Tauschgeschäfte nötig sind, um andere auf Ihre Seite zu holen. In Abbildung 16 finden Sie geläufige »Währungen« in Unternehmen, zum Beispiel Ressourcen oder Inspiration, Bestätigung des höheren Status, persönliche Unterstützung oder einfach der Ausdruck der Anerkennung. Um mit diesen Währungen richtig umgehen zu können, müssen Sie sich nicht nur über Ihre eigenen Bedürfnisse im Klaren sein, sondern auch darüber, woran anderen gelegen ist.

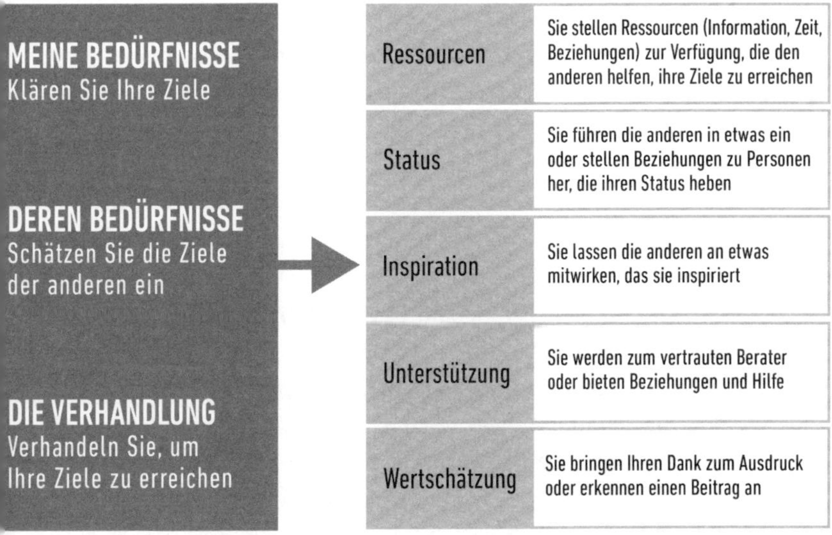

Abbildung 16: Typische Währungen in Unternehmen

Nachdem Sie mögliche Tauschgeschäfte identifiziert haben, müssen Sie den möglicherweise bestehenden Situationsdruck analysieren, das heißt, Sie müssen die Kräfte verstehen, denen die Entscheider in ihrem jeweiligen Zusammenhang ausgesetzt sind. Dabei handelt es sich um antreibende und widerstrebende Kräfte. Antreibende Kräfte sind solche, die andere in die von Ihnen erwünschte Richtung gehen lassen, und widerstrebende Kräfte sind Umstände, aufgrund derer sie Ihr Anliegen ablehnen könnten.[3] Die Sozialpsychologie zeigt, dass wir den Einfluss der Persönlichkeit überschätzen, während wir den der Sachzwänge unterschätzen, wenn wir das Verhalten anderer verstehen wollen.[4] Rolfs Widerstand gegen Nowaks Vorschlag könnte mit seiner mangelnden Flexibilität und dem Bedürfnis nach Macht- und Statuserhalt zusammenhängen, es könnte aber auch seine Reaktion auf Sachzwänge sein, etwa die Notwendigkeit, seine unternehmerischen Ziele zu erreichen. Nehmen Sie sich also die Zeit, herauszufinden, welche Kräfte auf die Menschen wirken, die Sie beeinflussen wollen. Suchen Sie dann Möglichkeiten, die antreibenden Kräfte zu stärken und die widerstrebenden zu schwächen.

Darüber hinaus sollten Sie sich überlegen, wie die Menschen, die Sie beeinflussen wollen, Ihre Optionen wahrnehmen. Wie stellen sich ihnen die Alternativen dar, zwischen denen sie entscheiden sollen? Um zu verstehen, wie die Optionen wahrgenommen werden, sollten Sie sich auch klarmachen, ob Ihre Gegner versuchen werden, den Status quo mit offenem oder verdecktem Widerstand zu erhalten. Sollte dies der Fall sein, könnte es darauf ankommen, sie davon zu überzeugen, dass der Status quo keine Option mehr ist. Sobald Ihre Gegner überzeugt sind, dass die Veränderungen kommen werden, egal was sie unternehmen, könnten sie ihren Widerstand aufgeben und stattdessen versuchen, die Veränderungen mitzugestalten. Hätte Nowak die Entscheider überzeugen können, dass die aktuelle Situation untragbar und eine Veränderung unumgänglich war?

In diese Kategorie fallen auch Befürchtungen, dass Vereinbarungen nicht umgesetzt werden könnten. Einige der Beteiligten könnten daran zweifeln, dass sich andere an ihre Zugeständnisse halten, und zu dem Schluss kommen, dass sie mit dem Status quo besser bedient sind als mit einer riskanten Alternative. Wenn Befürchtungen wie diese den Fortschritt blockieren, sollten Sie versuchen, mehr Vertrauen unter den Beteiligten zu schaffen. Sie könnten zum Beispiel eine schrittweise Einführung der Veränderungen vorschlagen, in der jeder neue Schritt erst nach der Umsetzung des vorigen erfolgt.

FRAGEN SIE SICH

Nutzen Sie die folgende Tabelle, um mögliche Zugeständnisse festzuhalten, mit denen Sie Entscheider auf Ihre Seite holen können. Schätzen Sie die Sachzwänge, denen sie unterliegen, und ihre Wahrnehmung ihrer Optionen ein.

Entscheider	Mögliche Zugeständnisse	Sachzwänge	Optionen

Erstellen Sie eine Karte der Einflussnetzwerke

Entscheider werden in der Regel von der Meinung von Menschen beeinflusst, auf deren Rat sie sich verlassen. Nehmen Sie sich daher die Zeit, eine Karte der Einflussnetzwerke zu erstellen. Fragen Sie sich: Wer nimmt in der anstehenden Frage auf wen Einfluss? Diese Einflussnetzwerke können darüber entscheiden, ob Sie Ihre Ziele erreichen oder nicht. Entscheider richten sich oft nach Menschen, deren Meinung sie in wichtigen Fragen schätzen.

Einflussnetzwerke sind Kommunikations- und Überzeugungskanäle, die parallel zur formellen Struktur existieren – eine Art Schattenunternehmen.[5] Wie können Sie diese Netzwerke kartieren? Eine einfache Möglichkeit ist das »Zielscheiben-Diagramm« in Abbildung 17; zur Veranschaulichung habe ich Nowaks Beispiel verwendet. Benennen Sie zunächst die wichtigsten Entscheider und setzen Sie diese in die Mitte. Identifizieren Sie dann weitere Personen oder Gruppen, die Einfluss auf diese Entscheider nehmen, und setzen Sie sie in die folgenden Kreise. Je weiter sie vom Mittelpunkt entfernt sind, umso geringer ihr Einfluss. Geben Sie Richtung und Stärke des Einflusses mit Pfeilen an – je dicker der Pfeil, umso größer der Einfluss. Dann schätzen Sie ein, wer Ihr Vorhaben Ihrer Ansicht nach befürwortet, wer neutral ist und wer dagegen sein könnte. Schließlich identifizieren Sie mögliche erfolgreiche und blockierende Bündnisse.

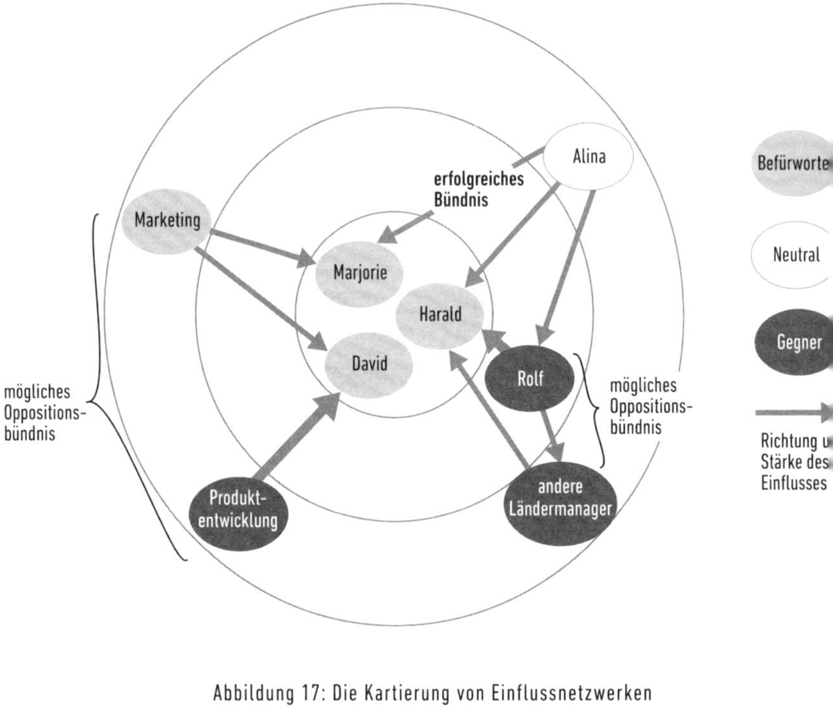

Abbildung 17: Die Kartierung von Einflussnetzwerken

FRAGEN SIE SICH

Wäre es im Falle Ihres Einflussproblems sinnvoll, zentrale Entscheider zu benennen und eine Karte der Einflussnetzwerke erstellen?

Entwerfen Sie Einflussstrategien

Nachdem Sie nun genauer wissen, wen Sie auf Ihre Seite bringen müssen, können Sie eine Einflussstrategie entwerfen, in der Sie die folgenden sieben Instrumente zum Einsatz bringen.

- Konsultation
- Formulierung
- Sozialer Druck
- Gestaltung von Optionen
- Einbeziehung
- Reihenfolge
- Handlungsdruck

Konsultation

Konsultation ist eine Einflusstechnik, mit der Sie sich die Zustimmung anderer sichern, indem Sie ihnen das Gefühl vermitteln, am Ergebnis beteiligt zu sein. Dazu gehört aktives Zuhören. Jeff Immelt, früherer Vorstandschef von General Electric, beschrieb Zuhören als »die am meisten unterschätzte und unterentwickelte Fähigkeit im Unternehmen, vor allem in einem Zeitalter zunehmender Ungewissheit und rasanter Veränderungen«.[6] Je höher Manager in der Hierarchie aufsteigen, umso weniger hören sie in der Regel zu, und umso mehr zögern Mitarbeiter, ihnen Dinge mitzuteilen, die sie möglicherweise nicht hören wollen. Das können Sie überwinden, indem Sie Input suchen und Feedback in Ihren Ansatz einbauen. Gute Konsultation beginnt damit, konkrete und aufrichtige Fragen zu stellen und die Befragten zu motivieren, ihre wahren Anliegen vorzubringen. Dann fassen Sie das Gehörte zusammen und geben Feedback.

Damit zeigen Sie, dass Sie zuhören und das Gespräch ernst nehmen. Aktives Zuhören ist eine stark unterschätzte Einflussstrategie. Sie fördert die Akzeptanz schwieriger Entscheidungen, kanalisiert das Denken und hilft Ihnen, Optionen produktiv zu formulieren. Da Sie mit Ihren Fragen und der Zusammenfassung der Reaktionen großen Einfluss auf die Wahrnehmung der Befragten haben, ist aktives Zuhören eine starke Überzeugungstechnik. Der folgenden Tabelle können Sie weitere Hinweise entnehmen, wie Sie aktiv zuhören können.

Präsenz	Ermunterung
Geben Sie dem anderen Ihre vollständige und ungeteilte Aufmerksamkeit • Richten Sie Ihre Aufmerksamkeit auf den anderen, wenden Sie sich weg vom Computer und schalten Sie Ihr Telefon aus. • Nehmen Sie Blickkontakt auf. • Vermeiden Sie, sich nach anderen Menschen oder Dingen umzusehen. • Geben Sie das Gehörte mit eigenen Worten wieder und leiten Sie ein mit »Ich höre, dass …« • Wenn nötig klären Sie das Gesagte: »Wenn ich Sie richtig verstehe, dann sagen Sie …«	*Ermuntern Sie den anderen, Ihnen zu sagen, was ihn beschäftigt.* • Bestätigen Sie Aussagen mit »Aha«, »Hm« oder »Ja«. • Nicken Sie, um zu zeigen, dass Sie zuhören. • Beugen Sie sich zu Ihrem Gesprächspartner vor. • Hören Sie zu, ohne zu unterbrechen, und halten Sie Ihre Meinungen und Lösungen zurück. • Erkennen Sie die Gefühle des anderen an und zeigen Sie dies: »Sie fühlen sich offenbar …«

Fragen	Zusammenfassung
Lernen Sie aus dem Gespräch, statt nur bestehende Überzeugungen zu bekräftigen • Stellen Sie offene Fragen, die Nachdenken erfordern; vermeiden Sie Ja/Nein-Fragen. • Bitten Sie: »Sagen Sie mir mehr zu …«, um mehr Details zu erfragen. • Fragen Sie: »Was glauben Sie, warum das so ist?«, um Verständnis von Ursache und Wirkung zu erfragen. • Fragen Sie: »Was würde passieren, wenn …?«, um das Nachdenken über Konsequenzen anzustoßen.	*Fassen Sie das Gehörte und mögliche Vereinbarungen zusammen* • Beginnen Sie Ihr abschließendes Statement mit: »Um unser Gespräch zusammenzufassen …« • Nennen Sie die wichtigsten Aussagen und Vereinbarungen des Gesprächs. • Stellen Sie klar, dass der andere dasselbe Verständnis hat wie Sie: »Habe ich das richtig zusammengefasst?«. • Danken Sie dem anderen für das Gespräch.

Formulierung

Formulierung bedeutet, durch Argumente und Analogien Ihr Verständnis des zu lösenden Problems und der annehmbaren Lösungen vorzugeben. Dazu müssen Sie Ihre Argumente sorgfältig auf Ihr jeweiliges Gegenüber abstimmen. Kommunizieren Sie Ihre Botschaft in angemessenem Ton, machen Sie sich die Motivation und Absichten der Personen zunutze, die Sie beeinflussen wollen, und nehmen Sie Einfluss darauf, wie die Akteure ihre Optionen wahrnehmen.

Nowak hätte sich zum Beispiel Gedanken darüber machen sollen, was nötig war, damit der Ländermanager Eiklid ihre Vorschläge nicht ablehnte, sondern ihnen neutral oder vielleicht sogar wohlwollend gegenüberstand. Hatte er konkrete Anliegen, die sie hätte aufgreifen sollen? Gab es Zugeständnisse, die Eiklid positiv aufgenommen hätte, wenn ihre Einhaltung sichergestellt war? Hätte Nowak ihm helfen können, im Gegenzug für seine Zustimmung andere Anliegen zu verwirklichen?

Erinnern Sie sich bei der Präsentation Ihrer Argumente an Aristoteles und seine rhetorischen Kategorien *logos, ethos* und *pathos.*[7] Unter logos versteht man die inhaltlichen Argumente – Daten, Fakten und Argumente, mit denen Sie Ihre Forderung von Veränderungen untermauern. Ethos sind die Grundsätze (zum Beispiel Fairness) und Werte (zum Beispiel die Kultur der Kooperation), die bei der Entscheidung zum Tragen kommen sollen. Pathos schließlich ist die emotionale Beziehung zu den Menschen, die Sie beeinflussen wollen – zum Beispiel indem Sie eine begeisternde Vision von dem entwerfen, was Sie gemeinsam erreichen könnten.

Formulieren bedeutet auch, einige wenige Schlüsselargumente zu liefern, die Sie so lange wiederholen, bis sie durchgedrungen sind. Das erinnert an die in Kapitel 5 erwähnte kraftvolle Vereinfachung. Wiederholung ist deshalb effektiv, weil wir durch verstärkende Wiederholungen am besten lernen. Wenn wir ein Lied zum dritten oder vierten Mal hören, geht es uns nicht mehr aus dem Kopf. Allerdings könnten wir ein Lied auch so oft hören, dass wir es nicht mehr ertragen. Wenn Sie ein Argument wieder und wieder mit denselben Worten vorbringen, durchschaut Ihr Gegenüber Ihre Absicht und reagiert verstimmt. Die Kunst der wirkungsvollen Kommunikation besteht darin, Ihr Anliegen zu wiederholen und darzustellen, ohne dabei wie ein Papagei zu klingen.

Denken Sie beim Vortragen Ihrer Argumente auch daran, Ihr Gegenüber für die möglichen Argumente Ihrer Gegner unempfänglich zu machen und ihn gewissermaßen zu impfen. Indem Sie Gegenargumente in abgeschwächter Form anführen und widerlegen, immunisieren Sie Ihr Publikum gegen diese Argumente in schärferer Form. In der folgenden Tabelle finden Sie eine einfache Checkliste für Ihre Argumentation:

Logos – Daten und Argumente	• Welche Daten oder Fakten könnten andere überzeugen? • Welche Logik könnte sie ansprechen?
Ethos – Grundsätze, Richtlinien und andere Regeln	• Gibt es Grundsätze und Richtlinien, auf die Sie sich berufen können? • Wenn Sie gegen einen bekannten Grundsatz verstoßen, könnten Sie den anderen helfen, diese Ausnahme zu rechtfertigen?
Pathos – Emotionen und Sinn	• Gibt es emotionale »Knöpfe«, die Sie drücken könnten, zum Beispiel Loyalität oder ein Beitrag zum Gemeinwohl? • Können Sie den anderen helfen, einen Sinn darin zu erkennen, ein Anliegen zu befürworten oder abzulehnen? • Wenn die anderen emotional überreagieren, können Sie ihnen helfen, Abstand zu gewinnen?

Sozialer Druck

Sozialer Druck ist die Überzeugungskraft, die von den Ansichten anderer Menschen sowie den Normen der Gesellschaft und der eigenen Gruppen ausgeht. Wenn wir wissen, dass eine angesehene Person einen bestimmten Standpunkt vertritt, dann hat dies Einfluss darauf, wie wir diesen Standpunkt bewerten. Wenn Sie also Meinungsführer dazu bringen, Sie zu unterstützen und ihr Netzwerk in Ihrem Sinne zu mobilisieren, kann dies eine gewaltige Hebelwirkung entfalten.

Nach den Erkenntnissen des Sozialpsychologen Robert Cialdini, Autor des Klassikers *Influence*, richten Menschen ihr Verhalten nach bestimmten Grundsätzen aus und wollen:[8]

- **IN EINKLANG MIT IHREN WERTEN UND ÜBERZEUGUNGEN HANDELN:** Menschen neigen dazu, ihre Werte mit den Gruppen zu teilen, mit denen sie sich identifizieren. Verhaltensweisen, die diesen Werten zuwiderlaufen, werden Sie sich mit großer Wahrscheinlichkeit widersetzen. Daher warnt James Clear, dass Sie vermutlich nicht weit kommen, wenn Sie versuchen, Verhaltensweisen zu verändern, die eng mit dem Identitätsgefühl von Menschen verbunden sind.[9]

- **FRÜHEREN ZUSAGEN UND ENTSCHEIDUNGEN TREU BLEIBEN:** Wer seinen Zusagen nicht nachkommt, riskiert Sanktionen der Gruppe, und Unbeständigkeit signalisiert Unzuverlässigkeit und schadet dem Ruf. Menschen meiden Optionen, die früheren Zusagen widersprechen oder zu einem unerwünschten Präzedenzfall werden könnten.
- **GEFÄLLIGKEITEN ERWIDERN:** Gegenseitigkeit ist eine starke soziale Norm, und Menschen sind anfällig für eine Bitte um Unterstützung, die sich auf eine frühere Gefälligkeit von Ihnen oder anderen beruft.
- **IHR ANSEHEN WAHREN:** Optionen, die das Ansehen wahren oder verbessern, werden positiv bewertet, und solche, die es in Gefahr bringen, negativ.

Das heißt, Sie sollten es tunlichst vermeiden, andere um Dinge zu bitten, die ihrer Identität oder ihren früheren Zusagen zuwiderlaufen, ihrem Status oder Ansehen schaden, oder mit denen sie sich die Missbilligungen von geschätzten Personen zuziehen könnten. Denken Sie daran, wenn jemand, den Sie beeinflussen wollen, eine konkurrierende Verpflichtung eingegangen ist, dann sollten Sie ihm Brücken bauen, um ihr elegant zu entkommen.

Optionen gestalten

Optionen zu gestalten heißt, Einfluss darauf zu nehmen, wie Menschen ihre Möglichkeiten wahrnehmen. Wie können Sie ihnen ein Nein erschweren? Wie können Sie ihnen eine Brücke zum Ja bauen, wie Roger Fisher es ausdrückt?[10] Manchmal kann es ratsam sein, Optionen möglichst breit zu formulieren, in anderen Fällen sollten Sie sie enger fassen. Wenn Sie jemanden bitten, etwas zu unterstützen, das als unerwünschter Präzendenzfall aufgefasst werden könnte, ist es besser, es als isolierten Einzelfall zu präsentieren, der keinerlei Einfluss auf andere Entscheidungen hat. In anderen Fällen kann es sinnvoll sein, den größeren Zusammenhang der konkreten Angelegenheit mit anderen wichtigen Anliegen herauszustreichen.

Es ist schwierig, Menschen etwas zu verkaufen, das sie als Verlust wahrnehmen. Wenn Sie die Bandbreite oder Optionen erweitern, kann es leichter werden, Vereinbarungen zu finden, bei denen alle gewinnen und der Kuchen größer wird. Brenzlige und umstrittene Punkte können eine Einigung unmöglich machen; sie lassen sich manchmal neutralisieren, indem man sie für den Moment ausklammert oder vorab Zusagen macht, die Ängste beschwichtigen.

Einbeziehen

Die *Einbeziehung* basiert auf der Erkenntnis, dass man Menschen schrittweise an Orte führen kann, an die sie mit einem einzigen Sprung nicht hätten gehen wollen. Eine erfolgreiche Einflussstrategie besteht darin, Schritt für Schritt aufzuzeigen, wie man von A nach B gelangt, denn jeder einzelne Schritt ist ein neuer Ausgangspunkt, an dem die Betroffenen neu entscheiden können, ob sie den nächsten Schritt gehen wollen oder nicht. Eine andere Spielart der Einbeziehung besteht darin, andere an der gemeinsamen Diagnose der unternehmerischen Probleme zu beteiligen. Wenn Sie zentrale Entscheider frühzeitig an der Diagnose der Probleme beteiligen, können sie sich später schwerlich vor schwierigen Entscheidungen drücken. Sobald ein Konsens über die Lage besteht, können Sie Optionen und Kriterien zu deren Bewertung vorgeben. Am Ende eines solchen Prozesses sind Menschen oft bereit, Entscheidungen zu tragen, denen sie zu Beginn niemals zugestimmt hätten.

Da die Einbeziehung hochgradig wirksam sein kann, müssen Sie Einfluss auf die Entscheidung nehmen, ehe sich eine Dynamik in die falsche Richtung aufbaut. Sie können Einfluss in Unternehmen gewinnen, indem Sie die Initiative bei der Identifizierung und Formulierung von Problemen ergreifen. Entscheidungsprozesse in Unternehmen sind wie Flüsse: Große Entscheidungen werden von früheren Phasen geprägt, in denen das Problem formuliert, Optionen benannt und Kriterien zur Bewertung von Kosten und Nutzen aufgestellt werden. Sind Problem und Optionen festgelegt, fließt der Strom bereits unaufhaltsam in Richtung eines bestimmten Ergebnisses.

Reihenfolge

Reihenfolge bedeutet, dass Sie bei der Beeinflussung der Personen strategisch vorgehen, um die erwünschte Dynamik herzustellen, wie wir in Kapitel 3 gesehen haben.[11] Wenn Sie die richtigen Leute zuerst ansprechen, können Sie einen positiven Kreislauf der Bündnisbildung anschieben. Wenn Sie angesehene Verbündete auf Ihre Seite gebracht haben, wird es leichter, weitere zu finden, und die Basis Ihrer Unterstützer wird breiter. Damit wird es wahrscheinlicher, dass Sie Ihr Ziel erreichen, und das wiederum macht es einfacher, weitere Unterstützer zu finden. Ausgehend von ihrer Analyse der Einflussnetzwerke bei Van Horn wäre Nowak daher besser beraten gewesen, sich erst mit den Entscheidern der Marketingabteilung zu treffen und dann mit David Wallace, dem Vizepräsidenten der Produktentwicklung.

Ganz allgemein hätte Nowak eine gut durchdachte Abfolge von Einzel- und Gruppengesprächen führen sollen, um eine günstige Dynamik für ihre Neuordnung herzustellen. Hier kommt es auf die richtige Mischung an. Einzelgespräche sind wichtig, um sich zu orientieren – zum Beispiel um einzelne Standpunkte zu erfahren, durch Information Meinungen zu bilden und mögliche Nebenvereinbarungen zu treffen. Doch bei ernsthaften Verhandlungen sind die Beteiligten oft nicht zu endgültigen Zugeständnissen bereit, solange nicht auch alle anderen einbezogen werden. Hierzu eignen sich Gruppensitzungen besonders gut.

Handlungsdruck

Handlungsdruck macht es den anderen schließlich unmöglich, Entscheidungen weiter aufzuschieben, Maßnahmen zu verzögern und den Einsatz knapper Ressourcen zu vermeiden.[12] Wenn Sie auf das koordinierte Handeln zahlreicher Akteure angewiesen sind, kann die Verzögerung eines einzigen einen Dominoeffekt bewirken und anderen einen Vorwand liefern, nicht mitzuziehen. Daher müssen Sie dafür sorgen, dass Untätigkeit keine Option ist. Das tun Sie durch Ereignisse, die andere zu Zusagen oder Handlungen zwingen. Mit Sitzungen, Telefonkonferenzen und Deadlines lässt sich eine Dynamik entwickeln und der psychologische Druck herstellen, eine Entscheidung auch umzusetzen.

FRAGEN SIE SICH

Können Sie in dem von Ihnen analysierten Einflussproblem die sieben Instrumente – Konsultation, Formulierung, sozialer Druck, Gestaltung von Optionen, Einbeziehung, Reihenfolge und Handlungsdruck – nutzen, um Ihr Ziel zu erreichen?

Die Bedeutung der emotionalen Intelligenz

Welchen Einfluss Sie auf andere ausüben, hängt in nicht geringem Maße von Ihrer emotionalen Intelligenz ab, also der Fähigkeit, über Ihre eigenen Ziele und Sichtweisen hinauszublicken. Die emotionale Intelligenz gestattet es Ihnen, sich in andere hineinzuversetzen. Führungskräfte mit größerer emotionaler Intelligenz verstehen sich besser darauf, die Emotionen anderer Menschen zu »lesen«, und das ist die Grundlage des wirksamen sozialen Einflusses. Dazu gehört auch, die Körpersprache der anderen zu verstehen, die Stimmung in einem Raum zu erfassen und aktiv zuzuhören. Letzteres heißt, die Bedeutung von Aussagen bewusst zu erfassen, statt sie nur passiv zu hören.

Selbstwahrnehmung hilft Ihnen, Ihr Verhalten und Ihre Emotionen zu beherrschen. Diese Selbstwahrnehmung können Sie verbessern, indem Sie beobachten, wie Ihre Gefühle Wellen schlagen und andere beeinflussen, oder indem Sie bemerken, was und wer emotionale Reaktionen wie Wut, Verärgerung oder Ungeduld in Ihnen hervorruft.

Emotionale Intelligenz lässt sich mithilfe einer Übung zu den »Wahrnehmungspositionen« schulen.[13] Nehmen Sie dazu in schwierigen Situationen bewusst den Standpunkt der Gegenseite ein. Es ist nur natürlich, die Welt durch die Brille unserer eigenen Interessen und Absichten zu sehen. Das hat jedoch zur Folge, dass wir blinde Flecken oder Verzerrungen mitbringen, die uns daran hindern, das wahre Problem zu erkennen oder konstruktivere Wege zu seiner Lösung zu finden.

Versuchen Sie dazu als erstes, die Situation durch die Augen der anderen Beteiligten zu sehen. Tun Sie Ihr Bestes, die Situation so zu sehen, wie die anderen sie Ihrer Ansicht nach wahrnehmen. Denken Sie dabei daran, dass Empathie nicht dasselbe ist wie Sympathie. Die Sichtweise der anderen zu verstehen, heißt nicht, Ihre eigene aufzugeben. Doch es schadet nie, ein tieferes Verständnis zu entwickeln.

Nehmen Sie dann eine neutrale Sicht auf das Geschehen ein. Fragen Sie sich: Was würde ein Unbeteiligter denken oder beobachten? Welchen Rat würde er Ihnen geben, wie Sie mit der Situation umgehen können?

Mit dieser Übung sollen Sie lernen, fließend zwischen diesen drei Sichtweisen zu wechseln. Beginnen Sie mit Ihrer Sichtweise.

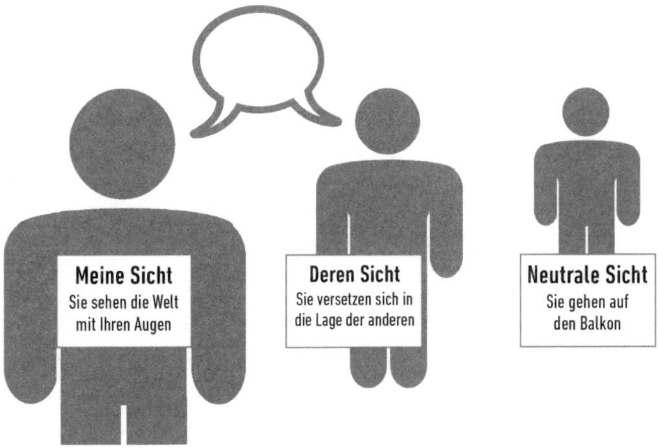

Abbildung 18: Wahrnehmungspositionen

Dann wechseln Sie auf die andere Seite und sehen Sie, ob Sie neue Erkenntnisse gewinnen. Und schließlich treten Sie auf den Balkon, betrachten das Problem aus neutraler Sicht und fragen sich, ob Sie auf diese Weise neue oder andere Aspekte erkennen. Kehren Sie schließlich zu Ihrer eigenen Perspektive zurück und fragen sich, ob sich Ihre Wahrnehmung der Situation geändert hat. Wenn Sie diese Übung gewissenhaft durchführen, verbessern Sie Ihre emotionale Intelligenz und damit Ihre Fähigkeit, andere zu beeinflussen.

Wie Sie Ihr politisches Geschick schulen

Sie können Ihr politisches Geschick schulen, indem Sie die Welt bewusst durch die politische Brille sehen. Nehmen Sie sich die Zeit, die politische Landschaft Ihres Unternehmens und seiner Umgebung zu beobachten und zu analysieren. Schätzen Sie zunächst ein, wer über Einfluss verfügt. Was sind die Absichten dieser Personen und worin besteht ihre Macht? Verfügen sie über technisches Fachwissen oder Zugang zu Informationen? Haben sie Zugang zu zentralen Entscheidern oder Bündnisse mit anderen einflussreichen Akteuren?

Experimentieren Sie dann mit der Anwendung der oben beschriebenen Instrumente Konsultation, Formulierung, sozialer Druck, Gestaltung von Optionen, Einbeziehung, Reihenfolge und Handlungsdruck. Fragen Sie sich, wie Sie Ihre Argumente so formulieren können, dass Sie den Interessen einflussreicher Akteure entgegenkommen. Wie sollen diese Personen ihre Optionen wahrnehmen? In welcher Reihenfolge sollten Sie mit den Akteuren sprechen, um eine Dynamik in Ihrem Sinne aufzubauen?

Und bauen Sie schließlich Ihre Netzwerke aus. Politisches Geschick verlangt oft den Aufbau und Einsatz eines Beziehungsnetzwerks im Unternehmen und außerhalb. Wenn Sie in den Ausbau Ihrer Netzwerkkompetenz investieren und ein vielfältiges und strategisches Netz von Kontakten aufbauen, kann Ihnen das helfen, Ihren Einfluss zu vergrößern.

Zusammenfassung

Mit politischem Geschick können Sie durch die politische Landschaft Ihres Unternehmens manövrieren und diese beeinflussen. Wenn Sie die Machtdynamik, die Absichten der unterschiedlichen Akteure und die Muster der gegenseitigen Beeinflussung verstehen, hilft Ihnen dies, Strategien zu entwickeln und Bündnisse zu knüpfen, die Sie auf dem Weg zur Umsetzung Ihrer Ziele unterstützen. Es gibt zahlreiche Instrumente, die Ihnen dabei helfen, im Unternehmen Einfluss auszuüben, darunter Konsultation, Formulierung, sozialer Druck, Gestaltung von Optionen, Einbeziehung, Reihenfolge und Handlungsdruck.

CHECKLISTE | POLITISCHES GESCHICK

1. Was sind die wichtigsten Bündnisse (innerhalb und außerhalb des Unternehmens), die Sie aufbauen müssen, um Ihre Ziele zu erreichen?
2. Welche Absichten verfolgen die anderen einflussreichen Akteure? Wo kommen diese mit den Ihren zur Deckung, wo könnte sich ein Konflikt ergeben?
3. Wie funktioniert Einfluss in Ihrem Unternehmen? Wer richtet sich bei wichtigen Entscheidungen nach wem?
4. Was motiviert die zentralen Akteure, welchen Sachzwängen unterliegen sie und wie nehmen sie ihre Optionen wahr?
5. Was macht eine effektive Einflussstrategie aus? Wie sollten Sie Ihre Argumente formulieren? Könnten Instrumente wie Einbeziehung, Reihenfolge und Handlungsdruck hilfreich sein?

Zur Vertiefung

Robert B. Cialdini, *Influence – Wie man (andere) überzeugt: Nützliche Erkenntnisse der Psychologie*. HarperCollins, 2023.

Roger Fisher, William Ury und Bruce Patton, *Das Harvard-Konzept: Die unschlagbare Methode für beste Verhandlungsergebnisse*. DVA, 2018.

William Ury, *Die Kunst, Nein zu sagen: Die unschlagbare Methode für schwierige Verhandlungen*. Penguin, 2023.

Jeffrey Pfeffer, *Macht: Warum manche sie haben und andere nicht*. Books4success, 2013.

Fazit

SCHULEN SIE IHR STRATEGISCHES DENKEN

In der Einleitung haben wir gesehen, dass sich die strategische Kompetenz (SK) von Führungskräften so zusammensetzt:

SK = Begabung + Erfahrung + Übung

Ihre Begabung verdanken Sie Ihren Genen und Ihrer Erziehung. Erfahrung ist die Mitwirkung an Situation, in denen Sie Ihre strategische Kompetenz weiterentwickeln können, idealerweise solche, in denen Sie Vorgesetzten gegenüber Ihre Fähigkeiten unter Beweis stellen können. Und Übung ist die mentale Arbeit, mit der Sie die Muskeln Ihres strategischen Denkens trainieren.

An Ihrer strategischen Begabung können Sie definitionsgemäß wenig verändern. Das Entscheidende ist also, sich auf diejenigen Bereiche zu konzentrieren, in denen Sie besser werden können, unabhängig von Ihrem Ausgangspunkt. Das heißt, Sie müssen Erfahrungen sammeln und Ihr Gehirn trainieren.

Suchen Sie Erfahrungen

»Es geht nicht darum, wen Sie kennen, sondern darum, wer Sie kennt.« Das ist ein Grundsatz beim Aufbau von Netzwerken, der auch für das strategische Denken gilt. Es genügt nicht, ein guter Stratege zu sein; die Menschen, die Einfluss auf Ihre Laufbahn haben – Ihre direkten Vorgesetzten, andere leitende Manager, Human Resources und Talentscouts – müssen sehen, dass Sie Fähigkeiten und Potenzial haben.

Das ist ein Problem für viele Führungskräfte, weil sie nicht die Chance erhalten, ihre strategischen Fähigkeiten unter Beweis zu stellen. Um sichtbarer zu werden, sollten Sie Folgendes tun, unabhängig von der Position, in der Sie sich aktuell befinden:[1]

- **DEMONSTRIEREN SIE, DASS SIE DAS GROSSE GANZE IM BLICK HABEN:** Zeigen Sie anderen, dass Sie den Kontext und die Herausforderungen des Unternehmens verstehen. Nutzen Sie Gelegenheiten und stellen Sie in der Erörterung aktueller Probleme den Zusammenhang zum Gesamtbild her.
- **STELLEN SIE IHR KRITISCHES DENKEN UNTER BEWEIS:** Bemühen Sie sich, Ihre Argumente auf einer soliden Analyse aufzubauen und zu zeigen, wie Sie zu Ihren Schlussfolgerungen gelangt sind. Kommunizieren Sie schriftlich wie mündlich so stringent und logisch wie möglich.
- **HABEN SIE EINEN STANDPUNKT:** Nehmen Sie sich vor jeder Diskussion von strategischen Fragen die Zeit, sich die zentralen Themen und Analysen anzusehen. Denken Sie darüber nach, welche konkreten Erkenntnisse Sie beisteuern oder welche Fragen Sie stellen können.
- **DEMONSTRIEREN SIE IHRE FÄHIGKEIT, TRENDS ZU ERKENNEN UND ZUKUNFTSVISIONEN ZU ENTWICKELN:** Zeigen Sie anderen, dass Sie mit den wichtigsten Entwicklungen vertraut sind. Stellen Sie unter Beweis, dass Sie in der Lage sind, über die Gegenwart hinaus zu blicken und Zukunftsprognosen abzugeben.
- **SPRECHEN SIE WIE EIN STRATEGISCHER DENKER:** Verwenden Sie Begriffe und Formulierungen, die Ihre strategische Kompetenz unterstreichen, und sprechen Sie von »strategischen Zielen«, »wahren Ursachen« und »wettbewerbsfähigen Reaktionen«.
- **ÜBEN SIE SICH IN KONSTRUKTIVER HERAUSFORDERUNG:** Stellen Sie auch unangenehme Fragen, ohne jedoch aggressiv zu sein oder es an Respekt mangeln zu lassen. Machen Sie deutlich, dass Sie nicht alles unbesehen hinnehmen und ein paar Züge weit in die Zukunft denken können, um einzuschätzen, wie sich die Dinge entwickeln könnten.
- **WIEDERHOLEN SIE DIE FRAGESTELLUNGEN NICHT, SONDERN FORMULIEREN SIE SIE UM:** Verweisen Sie auf andere Möglichkeiten, ein Pro-

blem darzustellen und Lösungen zu finden. Suchen Sie Gelegenheiten, um zu belegen, dass Sie über die mentale Flexibilität verfügen, Dinge aus unterschiedlicher Sicht zu sehen.

Trainieren Sie Ihr Gehirn

In der Einleitung haben wie strategisches Denken definiert als *eine Reihe von Kernkompetenzen, mit deren Hilfe Führungskräfte potenzielle Chancen und Risiken erkennen, Prioritäten festlegen und sich und ihr Unternehmen mobilisieren, um erfolgversprechende Wege in die Zukunft zu entwerfen und zu gehen.* Bei diesen sechs Kernkompetenzen handelt es sich um Mustererkennung, Systemanalyse, geistige Beweglichkeit, strukturierte Problemlösung, Vision und politisches Geschick.

In diesen sechs Kernkompetenzen können Sie Ihr Gehirn schulen. Das haben wir der Neuroplastizität zu verdanken. Bis in die späten 1990er Jahre ging die Hirnforschung davon aus, dass sich das Gehirn nach dem Ende der Kindheit nicht mehr weiter verändert. Die neuere Forschung demonstrierte jedoch die wunderbare Fähigkeit des Gehirns, sich fortwährend zu verändern und neue neuronale Verbindungen zu knüpfen, vorausgesetzt, es wird entsprechend stimuliert.[2] Das wiederum bedeutet, dass Sie Ihre strategischen Fähigkeiten mit den richtigen Übungen ausbauen können. Die Übungen finden Sie unten noch einmal nach den sechs Kernkompetenzen zusammengefasst. Stellen Sie sich Ihren eigenen Trainingsplan zusammen und machen Sie regelmäßig Kombinationen dieser Übungen.

Schulen Sie Ihre Mustererkennung

Mustererkennung ist die Fähigkeit des menschlichen Gehirns, Regelmäßigkeiten und Muster in unserer Umwelt wahrzunehmen. In der Wirtschaft verstehen wir darunter die Fähigkeit, Unternehmensumfelder zu beobachten, die sich durch Komplexität, Ungewissheit, Volatilität und Ambiguität auszeichnen, und dort mögliche Chancen und Risiken ausfindig zu machen.

Um die Kernkompetenz der Mustererkennung zu schulen, konzentrieren Sie sich auf Folgendes:

- **BESCHÄFTIGEN SIE SICH MIT DEM FUNKTIONSPRINZIP:** Wenn Sie die Grundsätze und Mechanismen der menschlichen Mustererkennung kennen, können Sie verstehen, wie Ihr Gehirn Muster erkennt und verarbeitet. So können Sie Strategien entwickeln, um Ihre Fähigkeit der Musterkennung zu schulen.
- **TAUCHEN SIE EIN:** Ihre Fähigkeit zur Mustererkennung wird besser, wenn Sie sich intensiv mit konkreten Interessensgebieten beschäftigen. Versuchen Sie, Schlüsselvariablen zu erkennen, die Veränderungen bewirken, und ermitteln Sie Trends auf diesen Gebieten. Seien Sie neugierig und fragen Sie sich, warum Dinge auf eine bestimmte Art und Weise funktionieren.
- **SUCHEN SIE DAS GESPRÄCH MIT EXPERTEN:** Suchen Sie Menschen, die sich bereits tief in Ihr Interessensgebiet eingearbeitet haben. Fragen Sie sie, wie sie Signale von Rauschen unterscheiden und wie sie die wichtigsten Muster erkennen.

Schulen Sie Ihre Fähigkeit zur Systemanalyse

Bei der Systemanalyse geht es darum, komplexe Zusammenhänge auf einfache mentale Modelle zu reduzieren. Sie konzentriert sich auf Beziehungen und Wechselwirkungen zwischen den Elementen eines Systems und nicht auf die Einzelbestandteile selbst.

Um die Kernkompetenz der Systemanalyse zu schulen, konzentrieren Sie sich auf Folgendes:

- **VERSTEHEN SIE DIE GRUNDSÄTZE DER SYSTEMANALYSE:** Um sich mit komplexen Systemen zu beschäftigen, sollten Sie die Grundsätze der Systemanalyse und ihrer Anwendung verstehen. Diese erwerben Sie durch Fachliteratur, Workshops, Weiterbildungsprogramme oder die Arbeit mit erfahrenen Systemdenkern.
- **ÜBEN SIE DIE ANALYSE UND DAS DENKEN IN SYSTEMEN:** Wie andere Fähigkeiten auch, schärft sich Ihr systemisches Denken mit der Praxis. Je mehr Sie üben, die Welt in Systemen zu sehen, umso besser werden Sie darin. Dazu können Sie die Systemanalyse zum Beispiel auf Alltagsprobleme anwenden oder mit Fallstudien und Simulationen arbeiten.

Schulen Sie Ihre geistige Beweglichkeit

Geistige Beweglichkeit gestattet Ihnen, Situationen aus unterschiedlichen Perspektiven zu betrachten, potenzielle Szenarien zu durchdenken und Aktionen und Reaktionen vorherzusehen. Mit ihrer Hilfe können Sie über die aktuelle Lage hinausblicken und die langfristigen Folgen verschiedener Handlungsoptionen abschätzen.

Und so können Sie Ihre geistige Beweglichkeit schulen:

- **ÜBEN SIE SICH IM WECHSEL ZWISCHEN EBENEN:** Schalten Sie bewusst zwischen dem großen Ganzen und den feinen Details hin und her. Wenn Sie feststellen, dass Sie in den Einzelheiten steckenbleiben, wechseln Sie die Ebene. Und wenn Sie bemerken, dass

Sie über den Wolken schweben, kommen Sie auf den Boden zurück.

- **SUCHEN SIE AKTIVITÄTEN, IN DENEN SIE IHRE SPIELKOMPETENZ VERBESSERN:** Es gibt zahlreiche Aktivitäten und Spiele, mit denen Sie Ihre geistige Beweglichkeit vergrößern können, zum Beispiel Schach, Rätsel oder Denkaufgaben. Sie schärfen Ihre Fähigkeit, über Züge und Gegenzüge nachzudenken.

Schulen Sie Ihre Fähigkeit zur strukturierten Problemlösung

Strukturierte Problemlösung bricht die Analyse eines Problems in konkrete Einzelschritte herunter, zum Beispiel die Benennung von zentralen Akteuren, die Formulierung des Problems, die Suche nach Lösungsmöglichkeiten, die Auswahl der besten Lösung und die Umsetzung dieser Lösung.

Mit den folgenden Schritten können Sie Ihre Fähigkeit zur strukturierten Problemlösung schulen:

- **BESCHÄFTIGEN SIE SICH MIT DEN GRUNDLAGEN DER STRUKTURIERTEN PROBLEMLÖSUNG:** Um Ihre Fähigkeit zur strukturierten Problemlösung zu schulen, müssen Sie die Grundlagen des Verfahrens verstehen, also die einzelnen Schritte, die Werkzeuge und Techniken in jeder Phase sowie die Fallstricke und Schwierigkeiten.
- **ÜBEN SIE SICH IN STRUKTURIERTER PROBLEMLÖSUNG:** Wie jede andere Kernkompetenz des strategischen Denkens verbessert sich auch diese mit der Anwendung. Je mehr Sie die strukturierte Problemlösung praktizieren, umso besser beherrschen Sie sie. Arbeiten Sie dazu an einer Vielfalt von Problemen und suchen Sie Feedback und Unterstützung von anderen.

Schulen Sie Ihre visionären Fähigkeiten

Vision bedeutet, ein überzeugendes und begeisterndes Bild von der Zukunft Ihres Unternehmens zu entwerfen und dieses zu kommunizieren, um anderen Menschen Orientierung und Motivation zu vermitteln. Eine Vision ist ein klares Bild dessen, was das Unternehmen werden könnte. Es gibt dem Unternehmen und seinen Mitarbeitern Richtung und Sinn.

So schulen Sie Ihre Vision:

- **VERSTEHEN SIE DIE GRUNDLAGEN DER EFFEKTIVEN VISION:** Um Ihre visionären Fähigkeiten zu schulen, benötigen Sie ein gründliches Verständnis der Grundlagen, etwa die Rolle der Vision in der Führung, die Merkmale einer überzeugenden Vision und die Entwicklung und Vermittlung der Vision durch kraftvolle Vereinfachung.
- **ÜBEN SIE IM KLEINEN:** Finden sie alltägliche Probleme, Themen oder Situationen, an denen Sie Ihre visionären Fähigkeiten schulen können. Wenn Sie diese Gelegenheiten finden, stellen Sie sich vor, was Sie tun könnten, um die Situation von Grund auf zu verbessern. Verwenden Sie zum Beispiel die in Kapitel 5 beschriebene Architektenübung, um sich vorzustellen, wie ein Haus oder ein Raum besser gestaltet werden könnte.

Schulen Sie Ihr politisches Geschick

Politisches Geschick ist die Fähigkeit, durch die politische Landschaft von Unternehmen zu manövrieren und diese zu beeinflussen. Dazu müssen Sie die Motive und Interessen der unterschiedlichen Akteure verstehen, Karten von Beziehungsnetzwerken erstellen und Einflussstrategien entwickeln.

Um Ihr politisches Geschick zu schulen, können Sie Folgendes tun:

- **BEOBACHTEN UND ANALYSIEREN SIE DIE POLITISCHE LANDSCHAFT:** Betrachten Sie Ihr Unternehmen beziehungsweise sein Umfeld durch die politische Brille. Identifizieren Sie verschiedene Akteure mit ihren Absichten und Interessen.
- **VERSUCHEN SIE, DIE DYNAMIK VON MACHT UND EINFLUSS ZU VERSTEHEN:** Suchen Sie nach Mustern, wer über Macht verfügt und warum, und sehen Sie sich an, wer Einfluss auf wen hat und warum.

Über die sechs Kernkompetenzen hinaus gibt es einige allgemeine Angewohnheiten, die Sie schulen können, um Ihr strategisches Denken zu schärfen:

- **REFLEKTIEREN SIE IHR EIGENES DENKEN UND BEWERTEN SIE ES:** Nehmen Sie sich regelmäßig die Zeit, um über Ihre Entwicklung nachzudenken und sich zu überlegen, was Sie gut können und wo Sie sich verbessern müssen. Das hilft Ihnen, zu erkennen, auf welche Bereiche Sie sich konzentrieren müssen, um ein besserer strategischer Denker zu werden.
- **SUCHEN SIE FEEDBACK UND RAT:** Um Ihr strategisches Denken zu verbessern, suchen Sie regelmäßig den Input von anderen, zum Beispiel Mentoren, Kollegen oder Experten. Sie können Ihnen wertvolle Einblicke und Erkenntnisse liefern, die Ihnen helfen, Ihre strategische Kompetenz auszubauen.

Stellen Sie ein Strategieteam zusammen

In diesem Buch ging es in erster Linie um Ihre persönliche strategische Kompetenz. In Unternehmen findet das strategische Denken jedoch häufig in Teams statt. Daher müssen Sie sich auch darum bemühen, die strategische Kompetenz Ihres Teams weiterzuentwickeln.

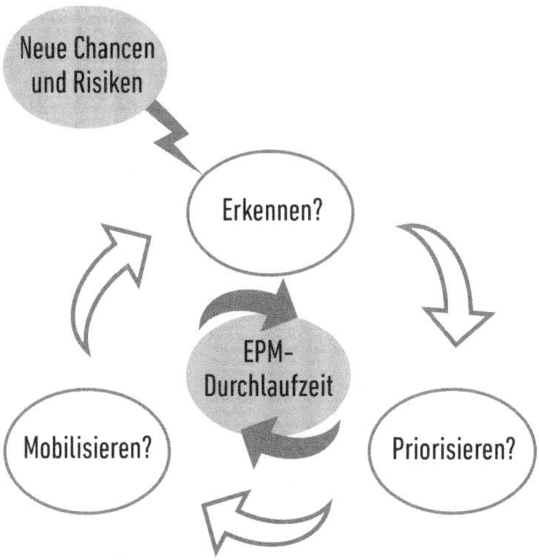

Abbildung 19: Der EPM-Zyklus aus Erkennen, Priorisieren und Mobilisieren

Dazu müssen Sie Ihrem Team helfen zu verstehen, was strategisches Denken ist und was nicht. Dann beschäftigen Sie sich gemeinsam mit der Anwendung des Zyklus Erkennen, Priorisieren und Mobilisieren (Abbildung 19) und fragen Sie sich, wie effektiv Sie diesen Zyklus anwenden und wie Sie Ihre EPM-Durchlaufzeit verbessern können.

Dann stellen Sie die sechs Kernkompetenzen vor und besprechen in Einzelsitzungen, worum es geht, warum die jeweilige Kompetenz relevant ist und wie sie sich schulen lässt. Auch auf die Gefahr, mich dem Vorwurf des Eigennutzes auszusetzen, würde ich Ihnen empfehlen, dieses Buch kapitelweise mit Ihrem Team durchzuarbeiten.

Darüber hinaus können Sie die strategische Kompetenz Ihres Teams durch folgende Maßnahmen schulen:

- **FÖRDERN SIE EINE KULTUR DES STRATEGISCHEN DENKENS:** Schaffen Sie eine Kultur, die das strategische Denken fördert, indem Sie es vorleben und bei Ihren Mitarbeitern anerkennen und honorieren.

- **BIETEN SIE ENTWICKLUNGSMÖGLICHKEITEN:** Überlegen Sie, ob Sie Ihren Mitarbeitern Fortbildungs- und andere Möglichkeiten bieten können, um ihre strategische Kompetenz zu verbessern. Das könnten Workshops, Seminare, Mentorenprogramme und die Zusammenarbeit mit Fachleuten sein.
- **FÖRDERN SIE DIE ZUSAMMENARBEIT:** Sie können Angehörige Ihres Teams ermutigen, ihre Überlegungen mit anderen zu teilen, um ihren Blick zu weiten und ihre Mustererkennung zu schulen. Sie könnten in Ihren regelmäßigen Teamsitzungen Zeit darauf verwenden und Ihren Mitarbeitern die Möglichkeit geben, gemeinsam an konkreten Projekten zu arbeiten.
- **INVESTIEREN SIE IN ACTION-LEARNING:** Sie können lernen fördern, indem Sie Angehörigen Ihres Teams Ressourcen und Unterstützung bereitstellen, um neue Ideen zu erproben und Probleme strukturiert zu lösen, zum Beispiel mit den in Kapitel 4 vorgestellten Ansätzen. Sie können ein Budget für Experimente bereitstellen, ebenso wie Zeit für Innovation und Gelegenheiten für Ihre Mitarbeiter, aus Fehlern und Erfolgen zu lernen.

Die Zukunft des strategischen Denkens

Strategisches Denken ist seit jeher eine Schlüsselkompetenz von Managern und Unternehmensführern und wird vermutlich sogar noch weiter an Bedeutung gewinnen. Das liegt daran, dass die Komplexität, Ungewissheit, Volatilität und Ambiguität des unternehmerischen Umfelds weiter zunehmen wird. In dieser CUVA-Umgebung hat Ihr Unternehmen dank Ihrer strategischen Kompetenz einen nachhaltigen Konkurrenzvorteil.

Wenn Sie Ihre strategische Kompetenz schulen, sind Sie in der Lage, Veränderungen im Umfeld Ihres Unternehmens – technische Entwicklungen, Verschiebungen auf dem Markt oder neue Konkurrenten – frühzeitig zu erkennen und darauf zu reagieren. Außerdem lernen Sie, die Stärken und Schwächen Ihres Unternehmens zu verstehen, Ressourcen bereitzustellen, Initiativen zu priorisieren und effektive Güterabwägungen vorzunehmen.

Strategisches Denken hilft Ihnen außerdem beim Umgang mit der immer wichtigeren Innovation. Sie müssen strategisch darüber nachdenken, wie Sie Ihr Unternehmen erneuern und neue Produkte, Dienstleistungen und Geschäftsmodelle entwickeln können, mit denen Ihr Unternehmen konkurrenzfähig bleibt. Dazu müssen Sie kreativ denken und bereit sein, kalkulierte Risiken auf sich zu nehmen.

Ein weiterer Faktor, der das strategische Denken wichtiger macht, ist die zunehmende Bedeutung von Daten und deren Auswertung. Sie benötigen einen strategischen Ansatz zur Erhebung und Analyse sowie dem Einsatz der Daten in der Entscheidungsfindung. Dazu müssen Sie kritisch und analytisch denken und wie selbstverständlich mit Daten und Instrumenten von Künstlicher Intelligenz umgehen.

Und schließlich wird das strategische Denken auch mit der zunehmenden Vernetzung der Welt immer wichtiger. Auch den Umgang mit der Komplexität des globalen Unternehmensumfelds und mit Beziehungen zu Partnern und Interessengruppen müssen Sie strategisch angehen.

DANK

Dieses Buch entstand in der fruchtbaren Zusammenarbeit mit Sebastian Murray, einem begnadeten Rechercheur, Autor und Redakteur. Mit seinen Hintergrundrecherchen, Kapitelentwürfen und der Überarbeitung des fertigen Manuskripts hat Sebastian in erheblichem Maße zu diesem Buch beigetragen. Ich danke ihm sehr für sein Wissen und die Unterstützung während der Schreibarbeit.

Lucy Oates, meine Lektorin bei Penguin Random House in Großbritannien, hat dieses Buch in Auftrag gegeben, weil sie auf dem Buchmarkt eine Lücke für eine seriöse, aber allgemein verständliche Einführung zum strategischen Denken erkannt hat. Ich danke ihr für ihr Vertrauen und ihrer Nachfolgerin Géraldine Collard und ihrem Team für die Unterstützung bei der Arbeit an diesem Buch. Ein Dank auch an Hollis Heimbouch, der Lektorin bei HarperBusiness; auch Hollis hat Potenzial in diesem Buch gesehen und die Veröffentlichung in Nordamerika unterstützt.

In der Einleitung und in vielen Beispielen zum strategischen Denken erzähle ich die Geschichte von Gene Woods und seiner Arbeit als Vorstandsvorsitzender von Advocate Health, einem der größten gemeinnützigen Krankenhausbetreiber in den Vereinigten Staaten. Ich habe mehr als sieben Jahre lang mit Gene zusammengearbeitet und danke ihm für seine Unterstützung. Er ist nicht nur ein CEO von Weltrang, sondern einer der besten Unternehmensstrategen, die ich kenne. Ich danke ihm dafür, dass ich seine Geschichte hier erzählen darf.

Im Verlauf der Recherche zu diesem Buch habe ich Interviews mit mehr als fünfzig Führungskräften geführt und greife immer wieder auf ihre Erkenntnisse und Aussagen zurück. Ich danke ihnen sehr für ihre Bereitschaft, ihre Erfahrung mit mir zu teilen. Mein besonderer Dank gilt Camilo Cobos, Vizepräsident der Pharmaceutical Services Group von Thermo Fisher Scientific, der sich viel Zeit genommen hat, um das Thema des strategischen Denkens ausführlich mit mir zu erörtern.

Mein Interesse am strategischen Denken wurde vor dreißig Jahren geweckt, als ich an der Harvard University und der Harvard Business School zum Thema Entscheidungsfindung promovierte. Einer meiner Doktorväter war Howard Raiffa, einer der Pioniere der Spieltheorie, der Entscheidungstheorie und der Verhandlungstheorie. Er weckte mein Interesse an Spielen und Entscheidungen und stellte mir Instrumente des strategischen Denkens vor, die ich während meiner Laufbahn und in Kapitel 3 dieses Buchs verwendet habe.

Ich habe das große Glück, mit wunderbaren Kollegen zusammenzuarbeiten, deren Forschung mein Verständnis des strategischen Denkens entscheidend mitgeprägt hat. Mein besonderer Dank gilt Amit S. Mukherjee und Albrecht Enders. Die zweite Hälfte von Kapitel 2 zur Systemanalyse basiert auf gemeinsamen Arbeiten von Amit und mir zur anpassungsfähigen Organisation. An anderen Stellen erwähne ich zentrale Gedanken, die Amit in seinen Büchern *The Spiders' Strategy* und *Leading in a Digital World* vorstellt. Kapitel 4 zur strukturierten Problemlösung basiert auf der Forschung, die Albrecht Enders und Arnauld Chevallier in ihrem Buch *Solvable* präsentieren. Albrecht und ich leiteten das Business Leadership Program von IMD, und ich könnte mir kaum einen besseren Kollegen und Freund wünschen. Albrechts Kurse haben mich davon überzeugt, dass die strukturelle Problemlösung ein wesentliches Element des strategischen Denkens darstellt. Seine Verwendung der archetypischen Heldenreise ist eine didaktische und sinnvolle Struktur für den Prozess.

Das International Institute for Management Development (IMD) hat die finanziellen Mittel beigesteuert, die mir die Arbeit an diesem Buch ermöglicht haben. Ich danke den Mitarbeitern, vor allem Cédric Vaucher, für ihre Unterstützung bei den Anträgen. Mein Dank gilt auch dem IMD-Präsidenten Jean-François Manzoni und dem Forschungsdekan Anand Narasimhan für ihre

Unterstützung. Ich danke Rich Wetzler und dem Team meiner Beratungsfirma Genesis Advisers für ihre Geduld und ihren Ansporn während der mehrjährigen Recherchen und Arbeiten an diesem Buch.

Gewidmet habe ich dieses Buch meiner Frau Katia Vlachos. Katia hat mich ermuntert, das Projekt anzunehmen, als der Verlag auf mich zukam. Ich zögerte, etwas Neues zu beginnen, doch sie war überzeugt, dass ich es tun könnte und sollte. Auch während der gelegentlichen schwierigen Phasen war sie mir eine standhafte Unterstützerin. Ohne sie wäre dieses Buch nie zustande gekommen. Ich danke ihr von ganzem Herzen.

ANMERKUNGEN

Einleitung: Die Macht des strategischen Denkens

1 Samantha Liss, »Advocate Aurora, Atrium Health to merge, creating $27B system«, *Healthcare Dive*, 11. Mai 2022.
2 Robert Kabacoff, »Develop Strategic Thinkers Throughout Your Organization«, *Harvard Business Review*, 7. Februar 2014.
3 Zenger Folkman, »Developing Strategic Thinking Skills: The Pathway to the Top«, zengerfolkman.com/articles/developing-strategic-thinkingskills-the-pathway-to-the-top, 8. Februar 2021.
4 Tom und David Kelley, *Kreativität und Selbstvertrauen: Der Schlüssel zu Ihrem Kreativitätsbewusstsein*. Verlag Hermann Schmidt, 2014.
5 Nigel Cross, *Design Thinking: Understanding How Designers Think and Work*. Bloomsbury Visual Arts, 2. Auflage, 2019.
6 Warren Bennis und Burt Nanus, *Leaders: The Strategies for Taking Charge*. HarperBusiness, 2004. Zur Geschichte der Übernahme in der US Army siehe »Who first originated the term VUCA (Volatility, Uncertainty, Complexity and Ambiguity)?«, U.S. Army Heritage and Education Center, usawc.libanswers.com/faq/84869. Eine aktuelle Erörterung der Auswirkungen für die Wirtschaft finden Sie in Nate Bennett und G. James Lemoine, »What VUCA Really Means for You«, *Harvard Business Review*, Januar/Februar 2014.
7 C. Basu, »The Importance of Porter's Diamond & Porter's Five Forces in Business«, *Houston Chronicle*, 30. August 2021.
8 D. L. Costill, W. J. Fink und M. L. Pollock, »Muscle fiber composition and enzyme activities of elite distance runners«, *Medicine & Science in Sports & Exercise* 8/2, Sommer 1976.

Kernkompetenz 1: Mustererkennung

1 Arthur van de Oudeweetering, »Mustererkennung im Mittelspiel: Schärfen Sie Ihren Blick für Schlüsselzüge im Schach«, *New in Chess*, 2015.
2 D. Silver, J. Schrittwieser, K. Simonyan u. a., »Mastering the game of Go without human knowledge«, *Nature* 550, 2017.
3 Siehe Jon Russell, »Google's AlphaGo AI wins three-match series against the world's best Go player«, *TechCrunch*, 25. Mai 2017.

4 Jack Welch zur Entscheidung des Schiffsmagnaten Cornelius Vanderbilt, in den Eisenbahnbau zu investieren. Folge 1 »A New War Begins«, History Channel Mini-Series, »The Men Who Built America« (2012).
5 Siehe Srini Pillay, »Your Brain Can Only Take So Much Focus«, *Harvard Business Review*, 12. Mai 2017.
6 Daniel Kahnemann, *Schnelles Denken, langsames Denken*. Siedler, 2012.
7 »Bet You Didn't Notice ›The Invisible Gorilla‹«, *NPR*, 19. Mai 2010.
8 Nassim Nicholas Taleb, *Der Schwarze Schwan: Die Macht höchst unwahrscheinlicher Ereignisse*. Albrecht Knaus Verlag, 2008.
9 Daniel Kahneman, *Schnelles Denken, langsames Denken*.
10 Phil Rosenzweig, *Der Halo-Effekt: Wie Manager sich täuschen lassen*. Gabal, 2008.
11 Ronak Patel, R. Nathan Spreng und Gary R. Turner, »Functional Brain Changes Following Cognitive and Motor Skills Training: a Quantitative Meta-Analysis«, *Neurorehabilitation and Neural Repair* 27/3, März/April 2013.
12 Todd B. Kashdan, Ryne A. Sherman, Jessica Yarbro und David C. Funder, »How are curious people viewed and how do they behave in social situations? From the perspectives of self, friends, parents, and unacquainted observers«, *Journal of Personality* 81/2, April 2013.
13 »Federal Express's Fred Smith on Innovation (1986 Interview)«, *Inc.*, 1. Oktober 1986.
14 Lesley Bartlett und Frances Vavrus, »Comparative Case Studies«, *Educação & Realidade* 42/3, Juli 2017.
15 Gary Klein, »Developing Expertise in Decision Making«, *Thinking & Reasoning* 3/4, 1997.

Kernkompetenz 2: Systemanalyse

1 Nicholas G. Heavens, Daniel S. Ward und Natalie M. Mahowald, »Studying and Projecting Climate Change with Earth System Models«, *Nature Education Knowledge* 4(5)/4, 2013.
2 Mary-Ann Russon, »The cost of the Suez Canal blockage«, *BBC News,* 29. März 2021, bbc.co.uk/news/business-56559073.
3 Edward Segal, »Blocked Suez Canal Is Latest Reminder Why Companies Need Crisis Plans«, *Forbes*, 27. März 2021.
4 »Cascading failure«, Wikipedia, en.wikipedia.org/wiki/Cascading_failure (Stand: 22. Juli 2022).
5 Mark DeCambre, »Hedge-fund investor who made $2.6 billion on pandemic trades says omicron could be bullish for stock market«, *MarketWatch*, 29. November 2021.

6 Jay R. Galbraith, *Designing Organizations: An Executive Guide to Strategy, Structure, and Process.* Jossey-Bass, 2001.
7 Tom Peters, »A Brief History of the 7-S (›McKinsey 7-S‹) Model«, tom peters.com/2011/03/a-brief-history-of-the-7-s-mckinsey-7-s-model.
8 Peter M. Senge, *Die fünfte Disziplin: Kunst und Praxis der lernenden Organisation.* 11., völlig überarbeitete und aktualisierte Auflage, Klett-Cotta, 2011.
9 Eliyahu M. Goldratt und Jeff Cox, *Das Ziel: Ein Roman über Prozessoptimierung.* Campus Verlag, 2001.
10 Mia Rabson, »From science to syringe: COVID-19 vaccines are miracles of science and supply chains«, *Toronto Star*, 27. Februar 2021.
11 Amit S. Mukherjee, *Leading in the Digital World: How to Foster Creativity, Collaboration, and Inclusivity* (Management on the Cutting Edge). The MIT Press, 2020.
12 Michael D. Watkins, »Assessing Your Organization's Crisis Response Plans«, *Harvard Business School* Background Note 902-064, September 2001.
13 Siehe zum Beispiel »U.S. Army Center for Army Lessons Learned«, www.army.mil/CALL.
14 Steven Schuster, *The Art of Thinking in Systems. A Crash Course in Logic, Critical Thinking and Analysis-Based Decision Making.* Selbstverlag, 2021.
15 Kristina M. Gillmeister, »Development of Early Conceptions in Systems Thinking in an Environmental Context: An Exploratory Study of Preschool Students' Understanding of Stocks & Flows, Behavior Over Time and Feedback«, Dissertation, State University of New York at Buffalo, AAT 10256359, *Dissertation Abstracts International* 78-11(E), A, 2017.

Kernkompetenz 3: Geistige Beweglichkeit

1 Das vollständige Zitat finden Sie in Jonathan Wai, »Seven Ways to Be More Curious«, *Psychology Today*, 31. Juli 2014.
2 »First-move advantage in chess«, Wikipedia, en.wikipedia.org/wiki/First-move_advantage_in_chess (Stand: 14. September 2022).
3 »Game Theory – First Mover Advantage«, Economics: Study Notes, Tutor2u.net, abgerufen im Oktober 2022, www.tutor2u.net/economics/reference/game-theory-first-mover-advantage.
4 Im Jahr 1994 erhielt der Mathematiker John Forbes Nash den Nobelpreis für die Entwicklung des Konzepts des Nash-Gleichgewichts in der Spieltheorie.
5 »Extensive-form game«, Wikipedia, en.wikipedia.org/wiki/Extensive-form_game (Stand: 5. Oktober 2021).

6 Steven D. Levitt, John A. List und Sally E. Sadoff, »Checkmate: Exploring Backward Induction among Chess Players«, *American Economic Review* 101/2, April 2011.
7 George Wright and George Cairns, *Scenario Thinking: Practical Approaches to the Future*. Palgrave Macmillan, 2011.

Kernkompetenz 4: Strukturierte Problemlösung

1 Im Englischen ASCI-Matrix für Approve, Support, Consult and Inform, Das Schema geht auf die RACI-Matrix zurück (Responsible, Accountable, Consulted, Informed), die in den 1950er Jahren entwickelt wurde. Einen Überblick zur Methode finden Sie in Bob Kantor, »The RACI matrix: Your blueprint for project success«, CIO, 14. September 2022, www.cio.com/article/287088/project-management-how-todesign-a-success ful-raci-project-plan.html.
2 Der Gedanke des regelgerechten Entscheidungsprozesses stammt ursprünglich aus der Justiz. Einen Überblick finden Sie im Artikel »Regelgerechtigkeit«, Wikipedia, de.wikipedia.org/wiki/Regelgerechtigkeit (Stand: 14. September 2023). Ein Beispiel für die Anwendung auf das Unternehmensmanagement finden Sie in W. Chan Kim und Renée Mauborgne, »Fair Process: Managing in the Knowledge Economy«, *Harvard Business Review*, Januar 2003.
3 Albert Einstein und Leo Infeld, *Die Evolution der Physik*. Rowohlt, 1989, S. 104.
4 Arnaud Chevallier und Albrecht Enders, *Solvable: A Simple Solution to Complex Problems*. FT Publishing International, 2022. Ihr Modell basiert auf der Heldenreise von Joseph Campbell, die unter anderem die Geschichte von Luke Skywalker in *Krieg der Sterne* inspirierte.
5 Ebd.
6 Amos Tversky und Daniel Kahneman, »Loss Aversion in Riskless Choice: A Reference-Dependent Model«, *The Quarterly Journal of Economics* 106/4, November 1991.
7 Michael A. Roberto, *Unlocking Creativity: How to Solve Any Problem and Make the Best Decisions by Shifting Creative Mindsets*. John Wiley & Sons, 2019.
8 Graham Wallas, *The Art of Thought*. Harcourt, Brace and Company, 1926.
9 Daniel Ames, Richard Larrick und Michael Morris, »Scoring a Deal: Valuing Outcomes in Multi-Issue Negotiations«, *Columbia CaseWorks: Columbia Business School*, Spring 2012.

Kernkompetenz 5: Vision

1 Eine Einführung zur Entwicklung von Visionen finden Sie in Kapitel 11 von Peter M. Senge, *Die fünfte Disziplin.*

2 Christopher K. Bart, »Sex, lies, and mission statements«, *Business Horizons*, 40/6, 1997.

3 »Helmut Schmidt«, Wikiquote, de.wikiquote.org/wiki/Helmut_Schmidt (Stand: 8. Mai 2023).

4 Shawn Achor, Andrew Reece, Gabriella Rosen Kellerman und Alexi Robichaux, »9 Out of 10 People Are Willing to Earn Less Money to Do More-Meaningful Work«, *Harvard Business Review*, 6. November 2018.

5 Joseph Folkman, »8 Ways To Ensure Your Vision Is Valued«, *Forbes*, 22. April 2014.

6 John T. Perry, Gaylen N. Chandler und Gergana Markova, »Entrepreneurial Effectuation: A Review and Suggestions for Future Research«, *Entrepreneurship Theory and Practice*, 36/4, Juli 2012.

7 Jim Collins und Jerry I. Porras, *Built to Last: Successful Habits of Visionary Companies.* 3. Auflage, HarperBusiness, 1994.

8 »Address to Joint Session of Congress May 25, 1961«, jfklibrary.org, abgerufen am 5. Januar 2022.

9 Jan Trott, »Man walks on the moon: 21 July 1969«, *Guardian*, 19. Juli 2019.

10 David C. McClelland, *Human Motivation.* Cambridge University Press, 1988.

11 Der Begriff der »kraftvollen Vereinfachung« geht zurück auf Bruce Henderson, Gründer der Boston Consulting Group (BCG), und beschreibt Matrizen und Modelle, die das Beratungsunternehmen entwickelte, um die unternehmerischen Probleme der Klienten aufzubereiten. Siehe Lawrence Freedman, *Strategy: A History.* Oxford University Press, 2013.

12 Howard E. Gardner, *Die Zukunft der Vorbilder. Das Profil der innovativen Führungskraft.* Klett-Cotta, 1997.

13 Kendall Haven, *Story Smart: Using the Science of Story to Persuade, Influence, Inspire, and Teach.* Libraries Unlimited, 2014.

14 Nach einem Vortrag zu »Positive Intelligence« von Bill Carmody.

15 Paul Hekkert, Clementine Thurgood und T.W. Allan Whitfield, »The mere exposure effect for consumer products as a consequence of existing familiarity and controlled exposure«, *Acta Psychologica* 144/2, Oktober 2013.

16 Edgar Dale, *Audio-Visual Methods in Teaching.* 3. Auflage, Holt Rinehart & Winston, 1969.

17 McDonald's Mission and Vision Statement Analysis, www.missionstatement.com/mcdonalds.

18 George L. Roth und Anthony J. DiBella, »Balancing Push and Pull Change«, *Systemic Change Management.* Palgrave Macmillan, 2015.

19 Alison Rose, »CEO Alison Rose Day 1 speech«, NatWest Group, 1. November 2019. rbs.com/rbs/news/2019/12/ceo-alison-rose-day-1-speech.html.
20 Amanda Blanc, »Amanda Blanc: 2020 was truly Aviva at our best«, youtube.com/watch?v=bz4rljrJf0o.
21 Garth S. Jowett und Victoria J. O'Donnell, *Propaganda and Persuasion*. 2. Auflage, 1992.
22 Siehe www.bombardier.com/en/who-we-are/our-history.
23 Chris Loh und Luke Bodell, »The Rise and Fall of Bombardier Aerospace«, *Simple Flying*, 12. Juni 2020.
24 »From War to Partner: Airbus and the CSeries«, *Leeham News and Analysis*, 18. Oktober 2017.
25 Frédéric Tomesco, »What went wrong at Bombardier? Everything«, *Montreal Gazette*, 8. Februar 2020.
26 Peggy Hollinger, »Airbus vows to make Bombardier aircraft a success«, *Financial Times*, 8. Juni 2018.

Kernkompetenz 6: Politisches Geschick

1 Michael D. Watkins, »Government Games«, *MIT Sloan Management Review*, Winter 2003 sowie ders., »Winning the Influence Game: Corporate Diplomacy and Business Strategy«, *Harvard Business Review*, 2003.
2 Die Begriffe stammen von David A. Lax und James K. Sebenius. Siehe »Thinking Coalitionally: Party Arithmatic, Process Opportunism, and Strategic Sequencing«, in: H. Peyton Young (Hrg.), *Negotiation Analysis*, University of Michigan Press, 1991.
3 Kurt Lewin, Pionier in der Erforschung der Gruppendynamik, entwickelte ein Modell des sozialen Wandels basierend auf der Vorstellung antreibender und widerstrebender Kräfte. Eine seiner zentralen Erkenntnisse war, dass Kollektive – zum Beispiel Gruppen, Unternehmen oder Nationen – soziale Systeme im Spannungsfeld zwischen Kräften sind, die Veränderungen forcieren und hemmen: »[Das Verhalten eines sozialen Systems ist] das Ergebnis einer Vielzahl an wirkenden Kräften. Einige Kräfte unterstützen sich gegenseitig, andere stehen einander entgegen. Einige sind treibende Kräfte, andere hemmende Kräfte. Wie die Fließgeschwindigkeit eines Flusses hängt das tatsächliche Verhalten einer Gruppe davon ab, auf welchem Niveau … diese widerstreitenden Kräfte ein Gleichgewicht erreichen.«, siehe Kurt Lewin, *Feldtheorie in den Sozialwissenschaften*. Huber, 1962.

4 Leo Ross und Richard E. Nisbett, *The Person and the Situation: Perspectives of Social Psychology.* 2. Auflage, Pinter & Martin Ltd., 2011.
5 David Krackhardt und Jeffrey R. Hanson, »Informal Networks: The Company Behind the Chart«, *Harvard Business Review*, Juli/August 1993.
6 Virgil Scudder, Ken Scudder und Irene B. Rosenfeld, *World Class Communication: How Great CEOs Win with the Public, Shareholders, Employees, and the Media*, Wiley, 2012.
7 Aristoteles, *Rhetorik*. Reclam, 2019.
8 Robert B. Cialdini, *Influence – Wie man (andere) überzeugt. Nützliche Erkenntnisse der Psychologie*. HarperCollins, 2023.
9 James Clear, »Why Facts Don't Change Our Minds«, https://jamesclear.com/why-facts-dont-change-minds, abgerufen am 18. Mai 2023.
10 Roger Fisher, William Ury mit Bruce Patton, *Das Harvard-Konzept: Die unschlagbare Methode für beste Verhandlungsergebnisse*. DVA, 2018.
11 James K. Sebenius, »Sequencing to Build Coalitions: With Whom Should I Talk First?« in: Richard J. Zeckhauser, Ralph L. Keeney und James K. Sebenius (Hrsg.), *Wise Choices: Decisions, Games, and Negotiations*, Harvard Business School Press, 1996.
12 Michael D. Watkins in »Building Momentum in Negotiations: Time-related Costs and Action-forcing Events«, *Negotiation Journal* 14/3, Juli 1998.
13 Mehr zu dieser Übung finden Sie in Trainers Toolbox, »Perceptual positions: powerful exercise to strengthen understanding and empathy«, https://www.trainers-toolbox.com/perceptual-positions-powerfulexercise-to-strengthen-understanding-and-empathy, abgerufen am 18. Mai 2023.

Fazit: Schulen Sie Ihr strategisches Denken

1 Ein Teil der Ratschläge geht zurück auf Nina A. Bowmans Artikel »How to Demonstrate Your Strategic Thinking Skills«, *Harvard Business Review*, 23. September 2019.
2 Dana Asby, »Why Early Intervention is Important: Neuroplasticity in Early Childhood«, Center for Educational Improvement, edimprovement.org/post/why-early-intervention-is-important-neuroplasticity-in-early-childhood, 9. Juli 2018.

ÜBER DEN AUTOR

Michael D. Watkins ist Professor für Leadership and Organizational Change am IMD und Mitbegründer von Genesis Advisers. Er hat die letzten zwei Jahrzehnte damit verbracht, Führungskräfte beim Übergang in neue Rollen, beim Aufbau ihrer Teams und bei der Umgestaltung ihrer Organisationen zu unterstützen. Im Jahr 2023 wurde er in die Thinkers50 Hall of Fame aufgenommen, in Anerkennung seiner herausragenden Beiträge zur Welt des Managements und der Führung.

Er ist Autor des internationalen Bestsellers *Die entscheidenden 90 Tage,* den *The Economist* als »die Onboarding-Bibel« bezeichnete. Mit mehr als 1 000 000 verkauften Exemplaren in englischer Sprache und Übersetzungen in 24 Sprachen ist es zum klassischen Nachschlagewerk für Führungskräfte in der Übergangsphase und zu einer Standardressource für die Durchführung von Veränderungen geworden.